U0471484

南京水利科学研究院出版基金资助出版

南黄海辐射沙脊群动力地貌过程研究

NAN HUANGHAI FUSHE SHAJIQUN DONGLI DIMAO GUOCHENG YANJIU

陈可锋　曾成杰　王乃瑞 ◎ 著

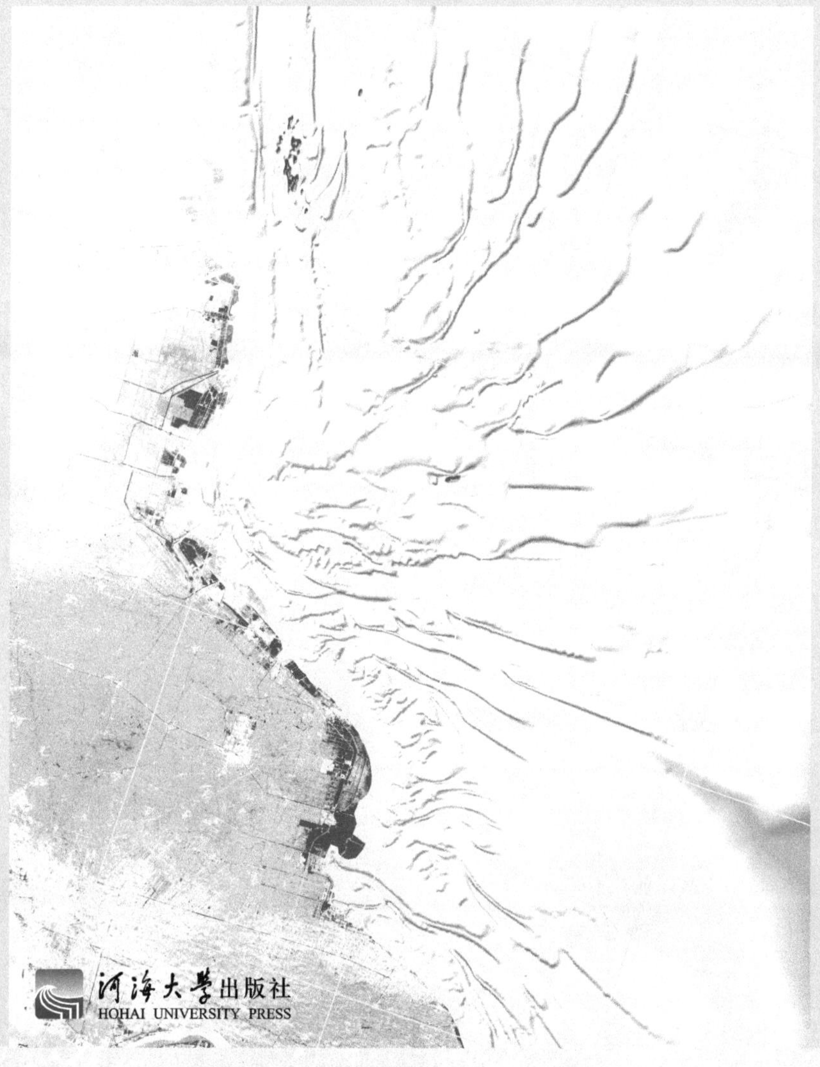

河海大学出版社
HOHAI UNIVERSITY PRESS

内 容 提 要

江苏岸外辐射状沙脊群是中国大陆架浅海所特有的大型沙体组合，反映了黄河变迁的历史和太平洋西海岸特殊的水动力条件对江苏海岸的影响；是研究陆海相互作用、区域及全球环境变化的理想载体。本书通过历史资料对比、实测水文、泥沙及水下地形资料分析、数学模型等方法，研究了南黄海辐射沙脊群主要水道、沙洲演变的趋势及动力机制；运用长时间尺度地貌数学模型复演辐射沙脊群形成和演变的地貌过程，分析探讨了辐射沙脊群形成动力机制、时间和物质来源等问题。

图书在版编目(CIP)数据

南黄海辐射沙脊群动力地貌过程研究 / 陈可锋，曾成杰，王乃瑞著. -- 南京 ：河海大学出版社，2019.10

ISBN 978-7-5630-5717-7

Ⅰ. ①南… Ⅱ. ①陈… ②曾… ③王… Ⅲ. ①南黄海—大陆架—辐射沙洲—海洋地貌—研究 Ⅳ. ①P931.1

中国版本图书馆 CIP 数据核字(2019)第 218419 号

书　　名 南黄海辐射沙脊群动力地貌过程研究
书　　号 ISBN 978-7-5630-5717-7
责任编辑 彭志诚
特约校对 周　贤
装帧设计 张育智　吴晨迪
出版发行 河海大学出版社
地　　址 南京市西康路 1 号(邮编：210098)
电　　话 (025)83737852(总编室)　(025)83722833(营销部)
经　　销 江苏省新华发行集团有限公司
排　　版 南京布克文化发展有限公司
印　　刷 虎彩印艺股份有限公司
开　　本 787 毫米×1092 毫米　1/16
印　　张 7.5
字　　数 151 千字
版　　次 2019 年 10 月第 1 版
印　　次 2019 年 10 月第 1 次印刷
定　　价 60.00 元

前言

PREFACE

河口海岸动力地貌学是地理学中的一个重要分支，其科学内涵是运用现代科学技术手段揭示复杂的河口海岸地貌形成过程。动力地貌（Morphodynamic）有别于通常意义的地貌（Morphology），其更注重动力和地貌之间的相互关系，即动力对地貌的决定作用和地貌对动力的反馈影响。

海岸系统作为自然行为与人类活动交汇的地带，集多重地貌特征和动力因素于一体。海岸动力地貌过程是海岸系统动力、泥沙输运以及地形之间相互作用的过程。由于长期实测资料难以获取，且满足不了研究需要，运用中长尺度动力地貌数学模型来研究海岸动力地貌过程正成为一个重要手段。区别于短时间尺度的动力地貌模型，中长尺度模拟在时间上考虑的是年甚至是千年的过程，其相应的空间尺度也较大，往往把整个河口或海湾当做一个整体系统来看，以把握其整体地貌形态和格局。经过几十年的发展与改进，中长尺度模拟无论在模型理论还是技术方法上都有了长足的进步，其对诸如河口系统、潮汐汊道系统模拟的适用性，模拟结果的合理性都有了很大的提升。

我国河口海岸动力沉积和动力地貌研究以沉积学和地貌学的方法为主，侧重静态描述，对动力地貌相互作用的定量研究不多，这也与缺少动力地貌模型技术有关。江苏海岸外辐射状沙脊群是中国大陆架浅海所特有的大型沙体组合，这些沙质堆积体储存着海岸演变、河口环境、海平面变化、区域及全球环境变化的各种信息；反映了黄河、长江变迁的历史及其对中国海岸的影响；反映了太平洋西海岸特殊的水动力条件；是研究陆海相互作用、区域及全球环境变化的理想载体。其形成是特殊的水流动力对不同来源物质的重新塑造，是动力—泥沙—地形长时间相互作用的产物。因此通过中长尺度地貌模型来研究其形成过程，对认识辐射沙脊群形成动力机制、物质来源和时间都具有非常重要的参考价值。

由于辐射沙脊群动力地貌过程的复杂性和中长尺度地貌过程模拟技术还有待完善，同时限于作者水平，本书存在的错误和不足之处，敬请读者、同仁不吝赐教指正。

本书在编写和前期相关研究过程中，得到了南京水利科学研究院喻国华教授、陆培东教授及南京大学杨达源教授的指导和帮助，在此表示衷心感谢。

2019 年 5 月 17 日

作者于南京清凉山麓

目 录
CONTENTS

第1章 绪论

1.1 问题的提出

自20世纪80年代以来，随着海岸带资源调查[1]、沿海及大陆架地区钻探等工作的开展[2]，以及东中国海潮波系统数值模拟的逐步深入，专家学者对辐射沙脊群现状格局、发育过程、形成机制、水动力模拟等进行了深入研究，对于江苏岸外潮流沙脊群的形成过程与动力机制有了比较深刻的认识[3-14]。近几十年来，潮流沙脊演化已成为沉积动力学研究的热点，尤其是辐射沙脊群的演变趋势及稳定性问题是研究重点[15-18]。通过对辐射沙脊群区域近岸水道、沙洲稳定性研究发现，近半个世纪以来，辐射沙脊群南、北两翼的分水滩脊位置在1973年至2003年的30年间向南移动约2.7 km；辐射沙脊群南翼的小庙洪、网仓洪、烂沙洋等水道(图1-1)及其之间的沙洲普遍存在逐渐向南偏移的趋势。四十年间烂沙洋−10 m深槽的中心线南移约600 m，烂沙洋南北水道主槽均存在南移趋势；小庙洪水道一直存在着北淤南冲的演变趋势，口门段的北水道深槽不断萎缩直至消失，南水道充分发展，小庙洪南水道的发育表明，该水道的动力主轴也有向南移动的趋势[19]。这种趋势性过程的原因和动力机制成为辐射沙脊群区域海岸冲淤动态研究和海港开发过程中亟待解决的问题。

另一方面有关辐射沙脊群形成的动力机制已有定论，即辐射状潮流场是辐射沙脊群形成和维持的动力机制，以弶港为波腹点(顶点)辐聚辐散的潮流系统的形成，主要是由江苏海岸，尤其是山东半岛南岸岸线位置及轮廓决定的[4]；地形、水深的变化对东中国海潮波系统的影响很小[20]。但对辐射沙脊群的形成时间各家说法不一，时间跨度从10 000年到100年[21-24]。对于辐射状沙脊群形成的物质来源研究者大多从沉积物的粒度、矿物组成等角度进行推测，目前也未有定论[25-28]。若能在潮流场的模拟中加入泥沙，考虑不同物质来源，运用中长

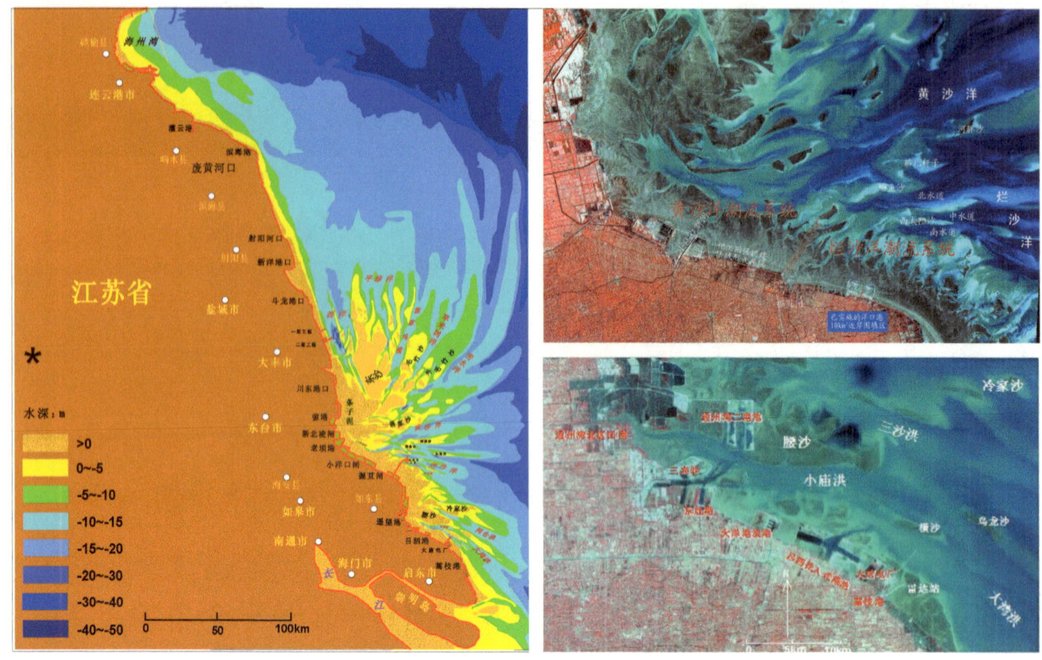

图 1-1　南黄海辐射沙脊群及主要水道深槽

时间尺度数值模拟技术来复演辐射沙脊群形成和演变的过程，将对研究和认识辐射沙脊群形成时间和物质来源等问题具有非常重要的参考价值。

1.2　研究进展与评述

辐射沙脊群区域内滩脊多变、海况复杂，直到 20 世纪 60 年代，岸外沙洲的辐射状分布格局才被世人认知。1980 年迄今，已开展了数次较大规模的野外考察：1980—1984 年开展的江苏省海岸带与海涂资源综合调查，对辐射沙脊群区域进行了多学科综合调查研究，获得了海洋水文、地形、地质、泥沙运动等资料，比较清晰地揭示了南黄海辐射沙脊群的独特全貌[1]；1986—1990 年开展的“条子泥并陆可行性”研究，对辐射沙脊群区域，特别是中心沙洲—条子泥沙洲进行了深入调研，对其演变趋势进行了初步预测[29]；1993—1996 年，南京大学、河海大学、中科院海洋所和同济大学等单位，开展了国家自然科学基金重大项目“南黄海辐射沙脊群形成和演变”的研究工作。该项工作综合运用了海洋沉积学、层序地层学、古生物学、海洋遥感、海洋动力环境模拟技术、浅层剖面等多学科技术手段，对南黄海辐射状沙脊群的形成和演变进行了多学科交叉综合研究，提出了辐射沙脊群“潮流塑造—风暴破坏—潮流恢复”的演变机制[4-6]；1998—

2004年开展的“条子泥促淤并陆工程实验研究”，对辐射沙脊群尤其是条子泥沙洲及周边水域进行了地貌、水文、生态、沉积、海洋等多学科交叉研究，获取了辐射沙脊群水文、泥沙、主要沙洲动态、潮滩地貌、沉积动力状况等数据，在辐射沙脊群及潮间带沉积体系等方面提出了新的观点[29-31]；近年来还开展了“南黄海辐射状沙脊群调查与评价”专项（简称908专项）等。

（1）辐射沙脊群的演变研究

海岸带古环境历史演化分析是通过查阅历史文献，结合野外实地考察（古地貌调查，钻孔勘探等），从而恢复古地理环境，掌握海岸带演化的历史过程。张忍顺等在对沿海古墩台（烟墩、潮墩及渔墩等）考证和沿海地区地名变化研究等的基础上，分析了江苏海岸线历史变迁情况，绘制了系列较为连续的历史时期海岸线[32]；张忍顺等通过查阅历史文献、海图资料等，探讨了岸外沙洲的发育过程[33]。李从先等对苏北陆上潮成砂体进行钻孔分析、地质雷达探测，探讨了古潮流流向、分布格局以及古环境演化[34]；朱晓东等对南黄海辐射沙脊群中心沿岸地区两个钻孔进行了有孔虫和沉积学分析，探讨了研究区自晚更新世以来的沉积环境演变过程[35]。王艳红等通过潮滩剖面测量、粒度分析以及地质调查，探讨了淤泥质海岸形态演变与形成机制[36]；陈君探讨了江苏岸外条子泥沙洲潮盆—潮沟系统特征及其稳定性[37]。近年来随着地理信息学的发展，GIS、RS、GPS等技术被用来分析辐射沙脊群形态、潮沟的动态变化特征与趋势。如黄海军等通过1973—1993年9个时相陆地卫星影像，发现辐射沙脊群形态基本上与动力条件相适应，其演化处于较稳定的阶段[38]。黄海军等利用海图、7个时相陆地卫星遥感影像及岸滩实测剖面资料对南黄海辐射沙脊群区主要潮沟进行解译，认为辐射沙脊群处于破碎、萎缩阶段，大部分沙洲处于侵蚀状态，沙洲有整体向陆迁移的趋势[39]。吴永森等通过解译3个时相遥感影像中岸滩、水下地形、潮流沙脊等地貌的分布差异，对岸外沙洲的侵蚀情况进行了分析[40]。李海宇等应用1988—1995年4个时相遥感影像及海图，发现沙脊群枢纽地区处于增长、扩张过程；南部区域堆积与侵蚀作用较弱，沿岸潮滩向海淤进；北部区域变化强烈，继续脊槽相间模式[41]。刘永学等运用卫星影像系列——海图叠合分析法分析了东沙的动态趋势[42]。上述研究表明江苏中部岸外辐射沙脊群是由来自古黄河、古长江的巨量泥沙经辐聚辐散的潮波系统改造而成的。然而随着黄河口北归和长江口南移，它不再得到大量的泥沙供给，从而成为一个准封闭的泥沙系统，外来泥沙不再是控制辐射沙脊群发育的主导因素[2-8,12,32]。自黄河北归以来，沙洲区一直在进行物质的重新分配，水沙均很活跃。目前沙洲总体来说处于蚀退、面积减小的阶段，但蚀退强度越来越小，沙洲总体趋于稳定[38-42]。

(2) 辐射沙脊群区水动力数值模拟研究

为研究黄海辐射沙脊群形成和维持的内在机制，许多专家学者在波浪、潮汐、泥沙等水文调查的基础上，对辐射沙脊群区域的水动力情况进行模拟。张东生通过东中国海及辐射沙脊群海域潮流数值模拟较清楚地阐明了江苏沿海北部的旋转潮波系统和沙脊群顶点弶港外海域的移动性驻潮波，以及沙脊群海域的辐射状潮流场，为研究潮流动力机制提供了重要的动力环境[6]。朱玉荣通过平面二维潮流的数值模拟，对古今潮流场进行了对比分析，探讨了辐射沙脊群形成发育的动力机制[43,44]。张长宽建立了辐射沙脊群波浪折射数学模型[45]；诸裕良、宋志尧等分析了潮流运动的平面特征与立面特征，建立了黄海辐射沙脊群形成发育潮流数学模型[4,5]；林珲、闾国年等对东中国海潮波进行了模拟[46]；Uehara 通过建立潮汐数值模型，探讨了潮流对黄海、东海海底地形的影响[47,48]。陈可锋等通过建立潮汐数值模型，研究了岸线变化和废黄河三角洲的侵蚀对黄海潮波系统的影响[49]。上述数值模拟结果表明潮流是形成和维持辐射沙脊群的主要动力。沙脊区潮波的驻波性质、大潮差以及辐射状潮流场营造了沙脊群在平面上的辐射状分布和剖面上滩阔槽深的结构形态，潮流动力的变化将成为辐射沙脊群整体发展变化的主导因素。以弶港为波腹点(顶点)辐合辐散的潮流系统的形成，主要是由江苏海岸，尤其是山东半岛南岸岸线位置及轮廓决定的。

(3) 长时间尺度海岸动力地貌过程数值模拟研究

海岸系统作为自然行为与人类活动交汇的地带，集多重地貌特征和动力因素于一体。由于多种尺度的地貌单元在此相互作用，海岸系统拥有高度复杂的动力地貌形态，对其过程的研究必然要涉及各种时空尺度。根据 De Vriend 提出的理论[50]，可将海岸动力地貌过程根据不同的时间和空间尺度进行分类(图 1-2)：在小尺度上，包括发生在以 s、h 为尺度的紊流、波浪作用，以 m 为单位的沙坝形态；在中尺度上，考虑以 d 为单位的潮周期和 10～1 000 m 为单位的滩槽变化；在中长尺度上，以月、年为周期的季节性变化和 1 km 以上级别的潮汐汊道和小型河口又成为主要研究的对象；而最大尺度则是基于十年以上的气候和海平面上升等长期变化因素，重点研究整个海盆，大河口的演变规律。由于不同时空尺度之间相互影响，而动力地貌过程的数值模拟往往涉及中长尺度以上的变化，因此，如何处理各个尺度之间的耦合关系就成为数值模拟中的关键。

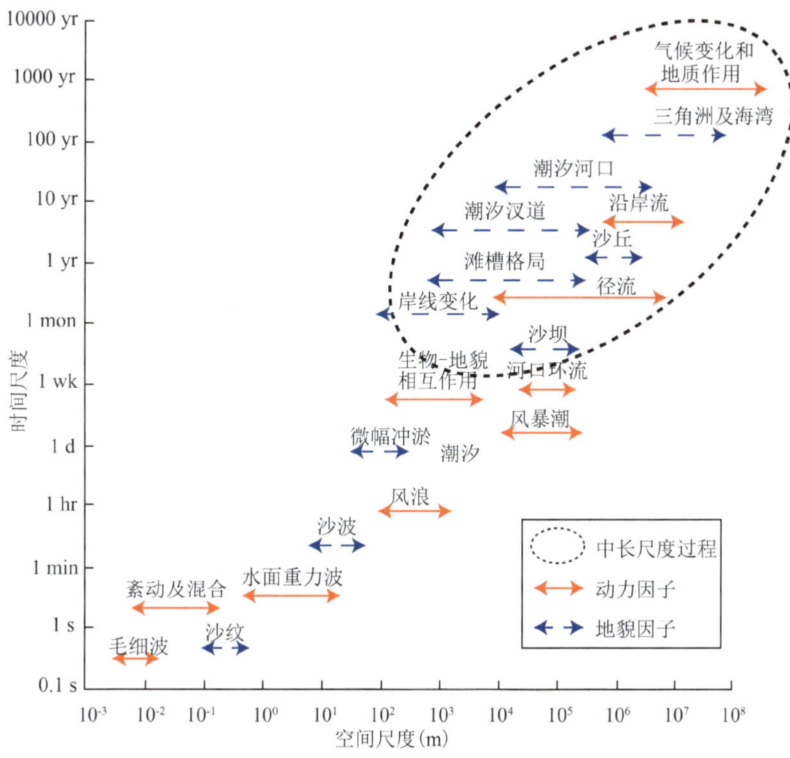

图 1-2　海岸区域不同时空尺度的动力地貌过程(改自文献[51])

针对海岸动力地貌模型的研究难点主要集中在两个方面，一方面由于动力地貌演变是一个大尺度的过程，从以 s 为单位的水动力变化至以年为尺度的地形演变过程，各个过程的随机性和变化性导致模拟需要耗费大量的计算时间和资源；另一方面，由于地貌演变是涵盖多尺度的耦合作用结果，几乎包括了海岸地貌系统中的所有物理进程，而各进程相互联系又互相干扰，使人很难从中提取独立进程的数据。因此 De Vriend 提出了信息约减理论，包括输入条件约减和模型约减，旨在减少模型的计算时间和排除“噪音”干扰获取关注进程的数据。B. Latteux 总结出信息约减的 3 个主要方法，并很好地应用于潮流驱动下的海岸动力地貌模型中[52]：(1) 通过选择有代表性的输入条件，减少模拟过程中不同自然条件的数量。(2) 简化地形变化对于流场引起的扰动。(3) 增加地形演变时间步长。第 1 条可视为输入条件约减技术，后两条视为模型约减技术。

但在海岸动力地貌模型中，由于水动力计算和地形演变计算是在不同尺度等级上的，因此当地形变化不大时，可以采用以下办法简化其对流场带来的干扰[54]。(1) 忽视短时间尺度下地形微小变化对流场引起的扰动；(2) 当底床变化不大时，最常采用连续校正法，假设流向对于地形变化的响应没有流速敏感，在一个地形时间步长内，将 Uh 视为阶段性常量，U 为流速，h 为水深，通过参数调整，以达到对流场持续校正的目的，在下个地形时间步长再进行完整的水动力计算；(3) 当地形变化引起的对流场的扰动足够微弱且无旋时，可将浅水方程线性化来计算这种扰动流，但在地形复杂的条件下，这种方法并不太适合，而且也需要耗费大量的计算。

海岸动力地貌模型涉及几十年以上的过程，同时地形更新一次就要重新计算水动力和泥沙输运情况，需要进行大量的计算，因此增加地形演变的时间步长，减少地形演变计算步数是模型约减最主要的办法。B. Latteux[52] 根据工程实践总结出了 3 种主要办法：

直接推延法(图 1-3)是最简单的延长时间步长的方法，假设第 1 个潮周期内，底床的变化 Δh 对流场产生的扰动可以忽略不计，我们可以直接推延至 N 个潮周期之后，底床的变化为 $N\Delta h$，在第 $N+1$ 个周期后更新地形条件，重新对水动力和泥沙输运进行计算。这个方法简单省时，但是他只注意了时间上的延展，单纯将初始条件下的地形变化扩大 N 倍，而忽视了底床变化的传递，一旦 N 选择过大，很快就会造成模型的不稳定。

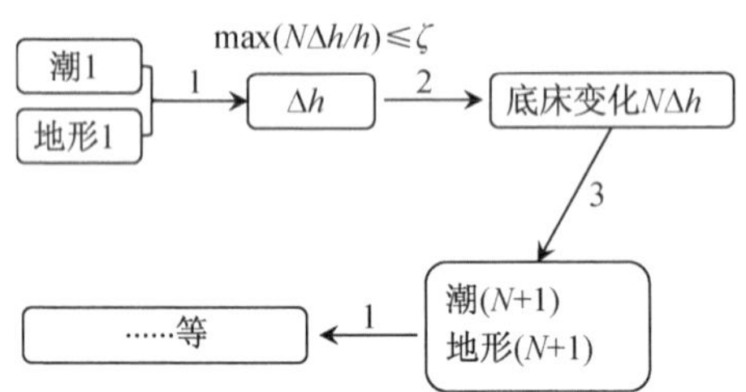

图 1-3　直接推延法原理简图(改自文献[53])

时间中心推延法(图 1-4)是对直接推延法的一种修正，它的基础变化 Δh 不再是初始条件下的底床变化，而是根据 De Vriend 提出“预测—校正法”的位于时间序列中间的底床变化。首先，与直接推延法相同，计算第 1 个潮周期下的底床变化 Δh_1，直接推延 N 个潮周期，更新地形，计算第 $N+1$ 个潮周期的底床变化 Δh_2，然后把$(\Delta h_1+\Delta h_2)/2$ 作为初始地形变化推延 N 个潮周期重新进行计算，以此往复。此方法是一种试算法，因此其计算结果更加精确也更稳定，不过由于是对第一种方法的修正，依然没有考虑底床变化的传递。

潮汐延长法(图 1-5)是潮平均法的一种，其基本思路是把一个地形步长中 N 个连续潮用一个单一潮来构造，主要将连续潮序列中同相位进行平均，平均

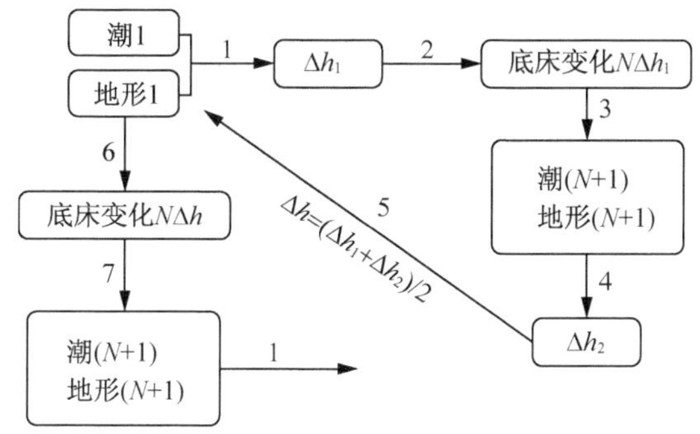

图 1-4 时间中心推延法原理简图(改自文献[54])

的结果置于单一潮相应的相位中，然后利用单一潮进行计算，每计算一个潮周期 Δt，其地形变化为 Δh，而地形变化步长则可以看作 N 个连续潮的时间步长 $N\Delta t$，经过 $N\Delta t$ 后，更新地形，以此往复。该方法优点在每个潮周期后，都用持续校正法对流场进行修正，考虑了底床变化的传递过程，而且相较于前两种方法更稳定也更准确。Cayocca[54] 在研究法国 *Arcachon* 潮汐汊道的长周期地形模型时候，就采用了这种方法。通过对几种方法的比较得出，潮汐延长法可以选择较大的 N，产生的地形变化误差也相对要小。

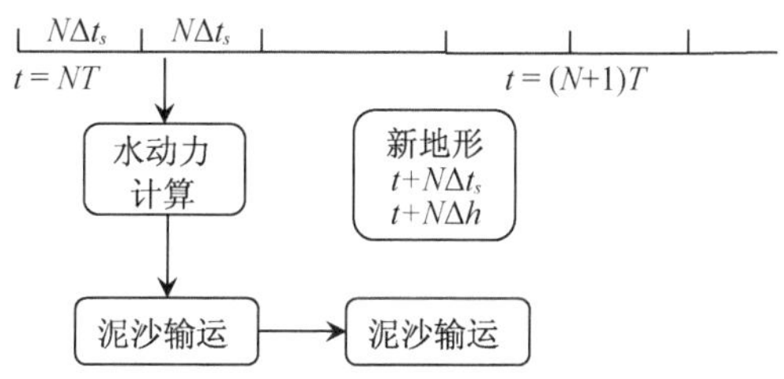

图 1-5 潮汐延长法原理简图(改自文献[54])

对于以上三种方法的优劣，任杰等[53] 通过实验得出结论，直接推延法在推延潮的个数不大时，并不会对水流和泥沙输运造成多大影响，当潮个数较多时易导致地形发生突变而影响模型的稳定性。中心推延法在潮个数较小时，虽然对水流与泥沙输运有影响，但是这种影响并不会随着模拟时间的延长而增大，有较好的稳定性。潮汐延展法兼具了上面两种方法的优点，对潮的个数既可以取较大的数值，模型又稳定，适合长周期模拟使用。Roelvink[55] 根据通过对以上方法进行改进，提出了潮平均法、地貌快速判定法、联机法、并行联机法等几种不同的地形更新方法，并通过对自行设计的潮汐通道的动力地貌模拟，比较了几种不同方法的相应效果。

综上所述，20 世纪 80 年代以来，专家学者对辐射沙脊群现状格局、发育过程、形成动力机制等进行了深入研究，现有研究已探讨了辐射沙脊群的演化趋势，但在沙洲演化的时空特征等方面不够深入，缺少相应的数学模型与之相验证。虽然针对辐射沙脊群形成的动力机制，开展了水动力数值模型模拟研究，但尚未将之与辐射沙脊群地貌演化过程结合起来。

1.3 研究方法和内容

本项研究从影响南黄海潮波系统变化的主导因素海岸淤蚀变迁入手，选择苏北黄河三角洲及其毗邻海域的南黄海旋转潮波为研究对象，在已有对该海岸淤蚀变迁较为深入的研究基础上，通过建立潮波数学模型，复演黄河北归后海岸大规模变迁和苏北废黄河三角洲海岸演变影响下南黄海旋转潮波的变化，以及改变后的潮波对地形的重新塑造作用，探讨辐射沙脊群南翼水道深泓南偏的原因，阐明这种趋势性演变的动力机制。在水动力数值模型的基础上建立了沉积物输运和中长尺度动力地貌过程数学模型。模拟辐射沙脊群海域长周期冲淤变化，设计不同的边界条件，复演辐射沙脊的演变过程，探讨辐射沙脊群形成动力机制、物质来源和形成时间，深化对辐射沙脊群动力地貌过程的研究。具体研究以下几个方面的内容：

（1）辐射沙脊群主要沙脊水道—沙洲的演变趋势特征

通过对比分析近几十年来的海图和实测地形资料，研究辐射沙脊主要沙洲（东沙、条子泥、冷家沙）和水道（西洋水道、烂沙洋水道、小庙洪水道）的演变趋势特征。

（2）分析不同历史时期江苏海岸线变迁，恢复历史时期海岸形态及近岸水下地形基本特征

根据历史时期江苏岸线位置和形态，结合近岸与陆地钻孔资料，并与现代江苏岸线与水下地形特征加以对比，恢复江苏海岸不同发育阶段的岸滩和水下岸坡的基本地形特征。

（3）建立大范围潮波数学模型和局部潮流数学模型

潮波是大范围内的潮汐运动形式，本项研究中的潮波数学模型主要用以研究局部海岸淤蚀变迁与潮波系统的相互作用，在空间尺度上需要同时考虑影响南黄海旋转潮波的整个海域形势以及苏北黄河三角洲海岸的局部岸线和地形特征。为此，大模型范围拟选择日本和朝鲜半岛以西、台湾岛以北包括东海大

部和黄渤海全部的东中国海海域，网格尺度采用 $2'\times2'$，潮位验证资料采用沿岸91个验潮站潮位调和常数，并选取受岛屿、河口和局部岸线影响较小的若干站位的潮流准调和常数进行潮流验证。在上述潮波模型基础上，建立南黄海局部潮流模型，进一步认识有实测地形以来的水下地形变化与潮汐动力的相互作用。

(4) 岸线淤蚀变迁和水下地形变化对潮波变化的影响

恢复不同历史时期江苏岸线及水下地形后，通过上述东中国海潮波模型与江苏海岸局部潮流模型，计算不同时期岸线和地形条件下的潮波运动，研究历史时期江苏海岸演变过程中南黄海旋转潮波的变化，主要包括如下表征南黄海旋转潮波特征的潮汐要素：分潮的增幅和相位、无潮点位置等。分析这种变化对海岸演变的影响。

(5) 辐射沙脊群形成演变的动力地貌过程模拟

建立辐射沙脊群区域沉积物输运和长周期地貌演化模型，设计不同的边界条件，探讨辐射沙脊群形成的动力机制；复演辐射沙脊群形成过程，探讨辐射沙脊群形成时间。添加沉积物来源，分析古黄河及长江对辐射沙脊群形成的影响，探讨辐射沙脊群形成的物质来源和时间。

第 2 章 江苏海岸地貌特征及动力泥沙环境

2.1 地貌特征

由于沿岸优势动力差异和供砂条件不同，江苏海岸沿岸地貌特征差异显著。在不同优势动力控制下，海岸地貌也与海岸动力分区对应，可分为海州湾岬角港湾海岸、废黄河三角洲开敞海岸和辐射沙脊群内缘区淤长型海岸(图 2-1)。

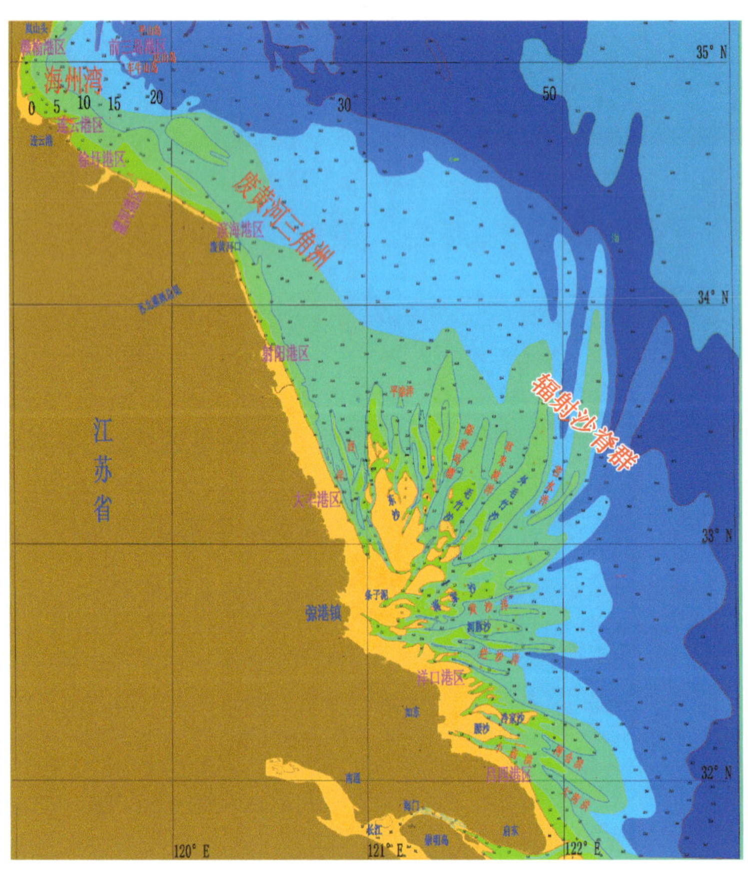

图 2-1 江苏海岸水下地形格局

2.1.1　海州湾岬角海湾海岸

海州湾以岚山头和连云港外的东西连岛的连线为界，面积约 820 km^2，是南黄海最西面的开敞海湾。公元 1194 年黄河夺淮前，由于现海州湾南翼的云台山和东西连岛均为海岛，当时的海州湾并不是一个完整的海湾。黄河夺淮入海期间，随着三角洲岸线地向海推进，海州湾海岸也随之发生较快的淤积。废黄河三角洲岸线的进一步突出，也使海州湾所在岸段相对进一步凹入内陆，形成了良好的淤积环境，进一步加速了海岸的淤长。云台山并陆后，云台山与岚山头之间的完整海湾形态才得以形成。但东西连岛与云台山之间仍被连云港海峡隔开，直至 1994 年西大堤正式建成，才形成现今东西连岛与岚山头两个岬角之间的海湾，成为江苏唯一的大型海湾，也是江苏仅有的基岩海岸和砂质海岸的分布区域(图 2-2)。

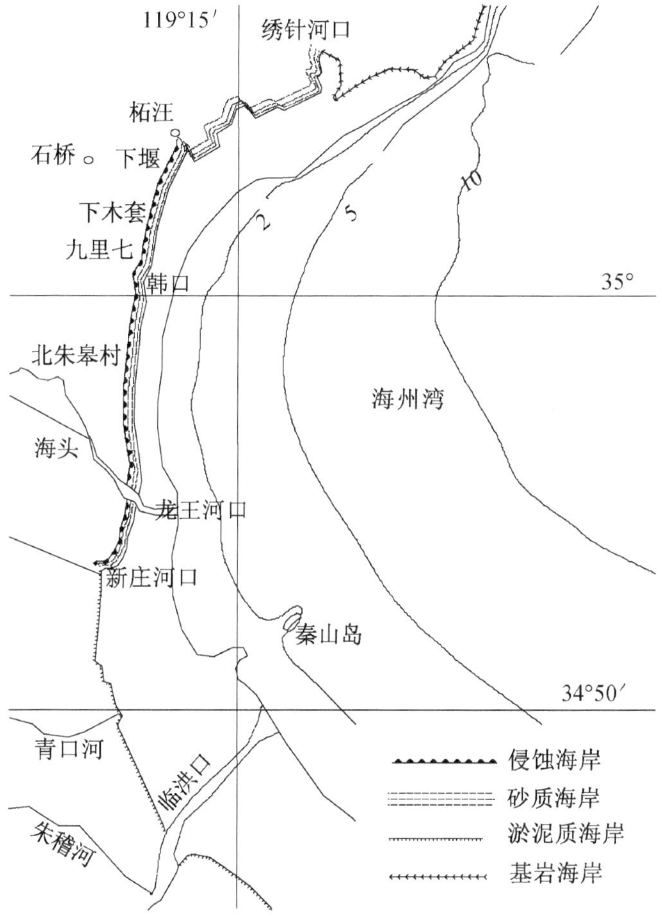

图 2-2　海州湾砂质海岸的侵蚀(改自文献[55])

海州湾海岸潮汐动力较弱，波浪是控制海岸发育的主导动力因素，在相对远离大的砂源区、受大江大河尾闾变迁影响较小的背景下，海州湾海岸的冲淤波动相对较小。与南部的废黄河三角洲和辐射沙脊区冲淤波动相比，其冲淤动态应属相对稳定。在海湾内，大致以龙王河口为界，龙王河口以北受东北向波浪作用明显，且这一岸段多有源自鲁南山区的源短流急的中小型河流分布，且靠近基岩海岸，历史时期粗砂来源相对较多，形成发育缓慢的冲刷砂质海岸，是江苏唯一的连续分布砂质海岸；龙王河口以南受东西连岛及云台山北部固定岸线掩护，动力条件较弱，细颗粒泥沙沉积，且外来泥沙供给非常有限，形成缓慢淤积的淤泥质海岸[55]。

2.1.2　废黄河三角洲开敞海岸

废黄河三角洲海岸是独特的废弃河口三角洲海岸，由于陆源泥沙供给的突变，海岸历史上冲淤演变幅度巨大，黄河北归以来废黄河口附近侵蚀后退达数十千米，水下三角洲基本夷平，但岸线相对突出的三角洲岸线形态依然保持(图 2-3)。

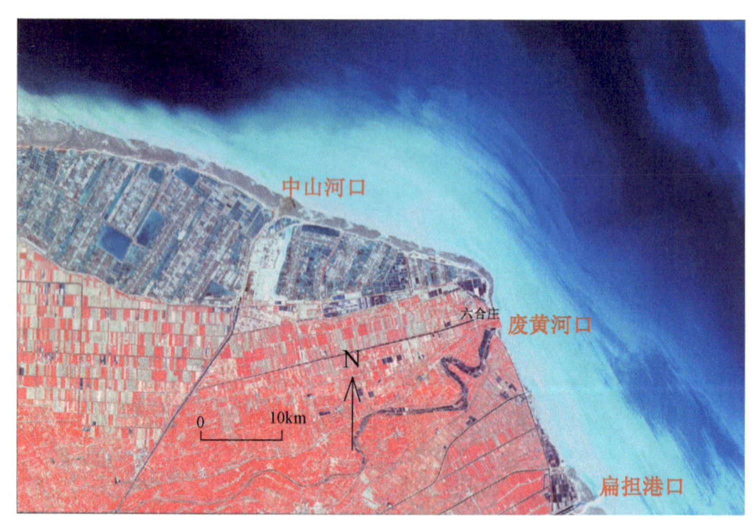

图 2-3　废黄河附近遥感影像图

1855 年黄河北归，泥沙源断绝，岸边波浪作用逐渐活跃，使该段海岸由迅速淤长转变为强烈侵蚀后退，主要表现为：贝壳堤发育，滩面物质粗化，岸线迅速后退(图 2-4)。

废黄河三角洲海岸经过一个多世纪的侵蚀后退以后，目前的侵蚀强度已明显趋缓。现场考察和 2004 年、2007 年间的水下地形测量资料显示(图 2-5)：废黄河水下三角洲现已基本冲刷殆尽。2004 年实测水下地形资料表明－15 m 等

图 2-4　废黄河口附近侵蚀的陡坎、侵蚀的泥砾

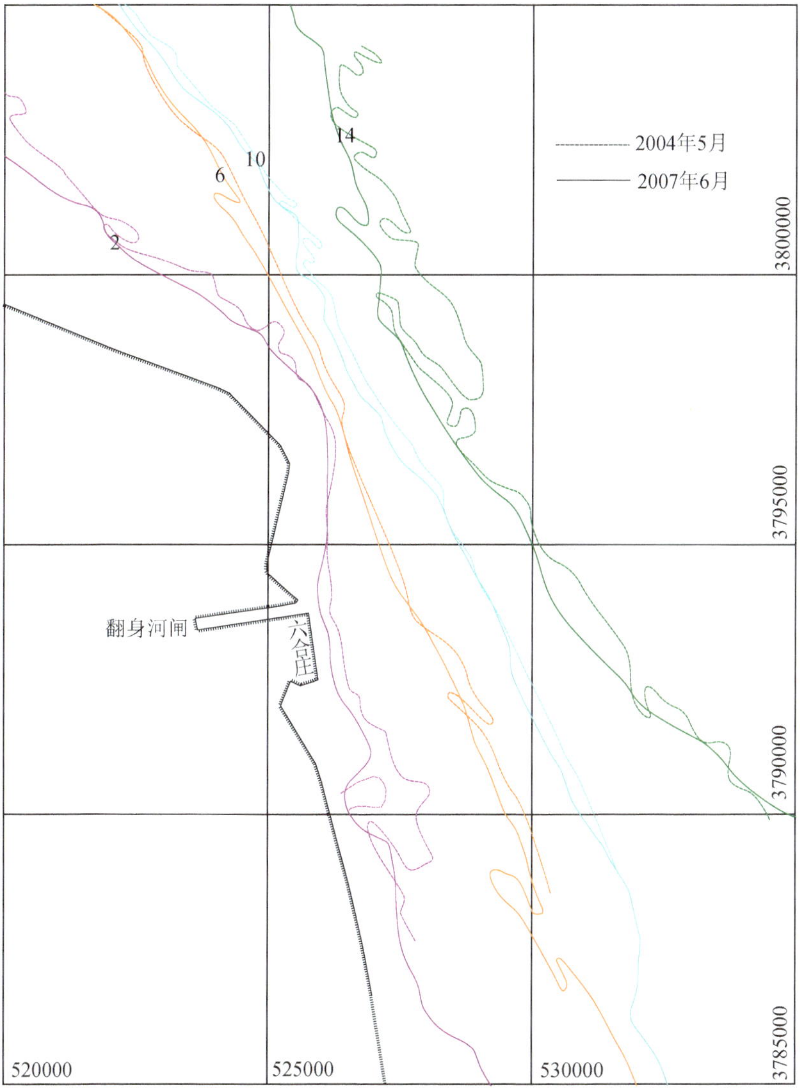

图 2-5　2004 年、2007 年实测的水下地形

深线距岸最近处只有约 4.2 km。−15 m 以深为非常平缓且近年来基本趋于稳定，而−15 m 以浅的海床仍处于侵蚀过程中。岸坡侵蚀强度最大的部位在−2～−12 m，内移速度从几十 m 到上百 m 不等。−2 m 以浅的岸坡及海滩侵蚀还在继续，水下岸坡侵蚀内移，坡度变陡，并形成侵蚀陡坎。据各断面水下地形资料分析，陡坡段侵蚀下切较快，下蚀率为 28～58 cm/a，而缓坡段下蚀相对较缓，年均下蚀率在 20 cm/a 左右。

2.1.3 辐射沙脊内缘区淤长型海岸

辐射沙脊是江苏海岸特有的地貌类型。海图及航、卫片均清晰显示：大致以东台市弶港为顶点，有 10 条长条状分布的大型水下沙脊群，向北、东北、东和东南呈辐射状分布。据统计，在低潮时出露的沙洲总数有 70 个，理论深度 0 m 以上沙洲总面积近 2 200 km^2，0 m 以上的面积在 1 km^2 以上的沙洲约 50 个，其余为水下沙脊。江苏岸外辐射状沙洲分布范围广，规模大，水动力条件及形成过程复杂，为世界罕见（图 2-1）。

辐射沙脊群是江苏独特的地貌单元，是在两大潮波系统辐聚影响和历史时期大江大河泥沙供给条件下形成的。在自北向南的苏北沿岸流系和海域偏北向常浪作用下，黄河夺淮期间的入海泥沙主要向南供给辐射沙脊海域，成为辐射沙脊发育的重要物质基础。黄河北归以来，废黄河三角洲海岸侵蚀的泥沙运移趋势未发生根本改变，仍主要向南供给辐射沙脊区，而未在北部海州湾区域形成明显淤积。在岸外沙洲掩护下，辐射沙脊内缘区波浪作用相对较弱，利于外来泥沙落淤，从而形成射阳河口以南的辐射沙脊内缘区岸滩整体淤长的态势（图 2-6）。

需要指出的是，随着废黄河三角洲海岸的侵蚀后退和水下三角洲侵蚀殆尽，辐射沙脊区的外来泥沙供给日趋减少，加之废黄河三角洲侵蚀后退后，对自北向南潮流的“挑流”作用减弱，南黄海旋转潮波潮流对辐射沙脊区的动力作用增强。无论从泥沙供给角度还是从动力场变化角度，辐射沙脊区海岸的淤长速率将日趋减缓。

2.2 潮汐特征

江苏海岸位于南黄海西岸，受来自东海的太平洋前进潮波和南黄海旋转潮波共同作用。其中东海前进潮波的近岸部分直接影响江苏海岸的南部，东海前进潮波经山东半岛南岸反射后形成的南黄海旋转潮波的无潮点位于废黄河三

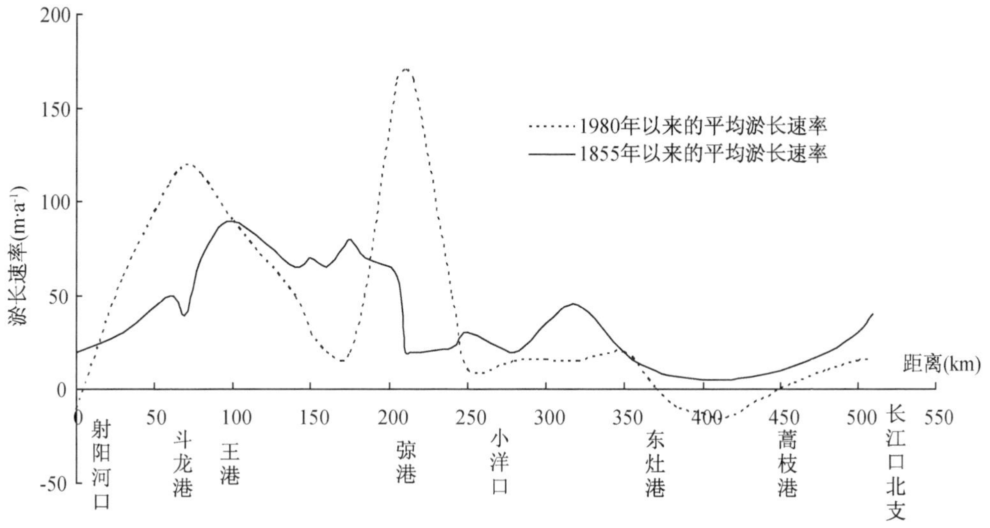

图 2-6　1855 年黄河北归以来和 1980 年以来射阳河口以南的岸滩淤长速率(改自文献[55])

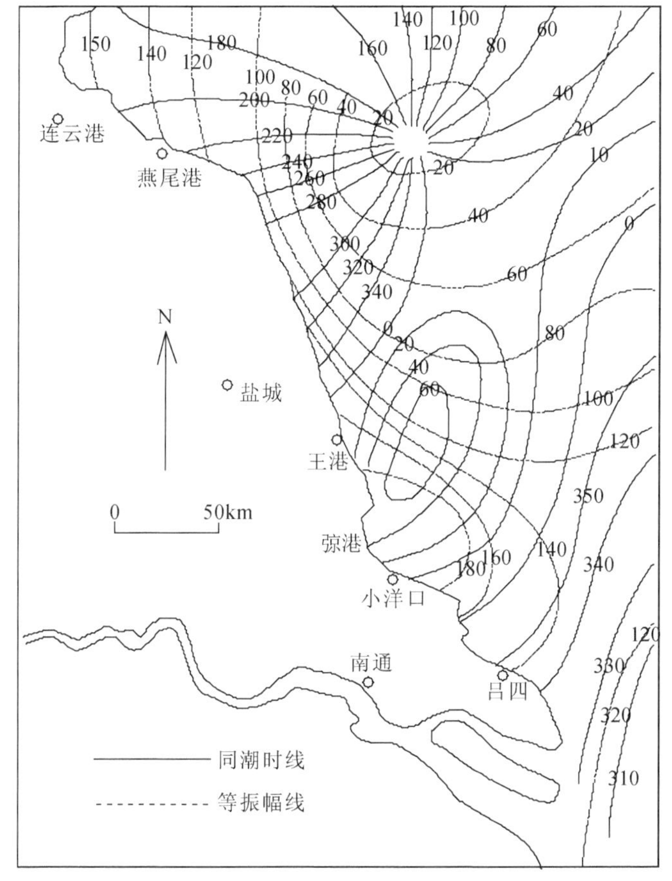

图 2-7　江苏岸外 M_2 分潮同潮图

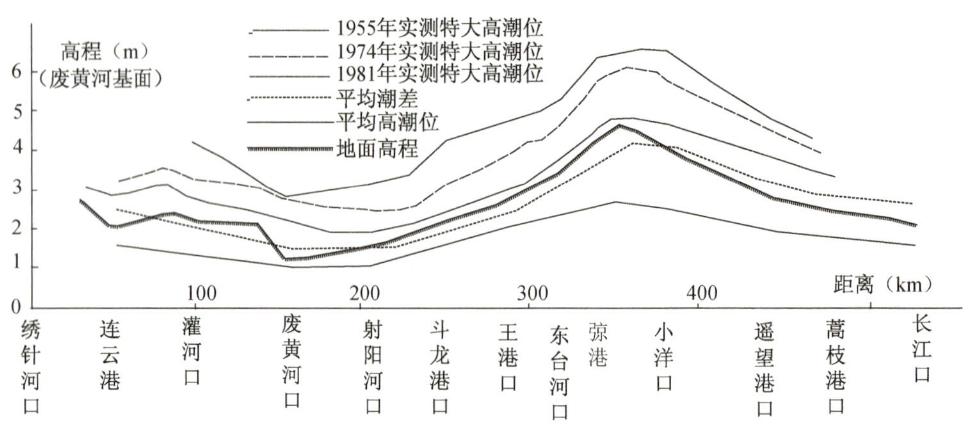

图 2-8　江苏海岸平均潮差、高潮位与陆地高程的沿岸变化(改自文献[1])

角洲岸外。两大潮波系统在江苏中部的弶港外海域辐聚，形成辐散辐聚的潮流格局，这也是辐射沙脊发育的基本动力条件(图 2-7)。在此背景下，江苏海岸的沿岸潮差分布表现出如下特征：靠近南黄海旋转潮波无潮点的废黄河三角洲海岸的平均潮差最小，一般在 2 m 左右，向北逐渐增大到连云港附近的约 3.4 m；向南也逐渐增大，到两大潮波系统辐聚中心的弶港和小洋口一带达到最大，超过 4 m；再向南则随着远离辐聚中心区，平均潮差逐渐减小至长江口附近的约 2.7 m。在此潮汐特征的影响下，沿岸陆地高程也表现出相似的起伏特点(图 2-8)。

在江苏北部海区，除无潮点附近为不正规日潮外，其余多属不正规半日潮，小部分区域为正规半日潮；南部海区受东海传来的前进潮波影响，多为正规半日潮型。

2.3　潮流特征

(1) 江苏海岸北部海州湾海域潮流特征

海州湾潮流受黄海旋转潮波的控制，整体上潮波由北向南推进。涨潮时，外海潮流基本以 SW 向向海州湾内运动；落潮时，潮流则基本以 NE 向退出海州湾。除两翼外，潮流与等深线或岸线的交角较大，即潮流的沿岸运动趋势很小，而以离、向岸运动为主。一般在最高潮前出现涨潮流最大值，最高潮位后出现涨憩，即流速基本为零，以后转为落潮流；在最低潮位前出现落潮流最大值，最低潮位后出现落憩，流速基本为零，以后又转为涨潮流(图 2-9)。从平面分布来看，海州湾的潮流动力呈南强北弱的特征，北翼海域大潮全潮平均流速一般在

0.20～0.30 m/s 之间，而南部连云港外海动力较强，大潮全潮平均流速一般在 0.50 m/s 左右。在一个潮流周期内，涨潮流速一般大于落潮流速(表 2-1)。

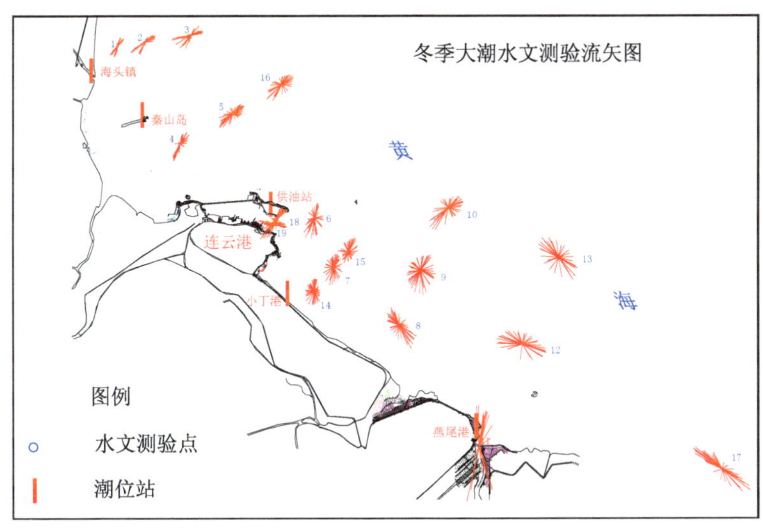

图 2-9 连云港附近海域各水文测点大潮流矢图

表 2-1 海州湾 2016 年 1 月各垂线涨、落潮潮平均流速(向)的统计表

区域	测点	潮型	水深(m)	潮差(m)	潮段平均				垂线平均最大			
					涨潮		落潮		涨潮		落潮	
					V (m/s)	θ (°)	V (m/s)	θ (°)	V (m/s)	θ (°)	V (m/s)	θ (°)
海州湾	1	大潮	3.0	4.42	0.23	207	0.16	34	0.38	222	0.30	44
		中潮		3.42	0.16	258	0.13	75	0.27	208	0.22	69
	2	大潮	5.5	4.42	0.29	224	0.25	60	0.57	234	0.39	60
		中潮		3.42	0.25	220	0.19	52	0.42	210	0.31	58
	3	大潮	10.0	4.42	0.30	236	0.27	72	0.64	256	0.41	73
		中潮		3.42	0.29	239	0.21	58	0.50	240	0.36	58
	4	大潮	4.0	4.42	0.29	198	0.27	31	0.59	202	0.41	34
		中潮		3.42	0.21	265	0.19	85	0.43	246	0.33	77
	5	大潮	8.5	4.42	0.38	225	0.27	57	0.63	224	0.44	58
		中潮		3.42	0.26	224	0.21	58	0.46	228	0.35	51
	16	大潮	12.5	4.42	0.37	220	0.31	50	0.68	226	0.45	50
		中潮		3.42	0.31	226	0.24	57	0.50	214	0.37	52

续表

区域	测点	潮型	水深(m)	潮差(m)	潮段平均				垂线平均最大			
					涨潮		落潮		涨潮		落潮	
					V (m/s)	θ (°)	V (m/s)	θ (°)	V (m/s)	θ (°)	V (m/s)	θ (°)
连云港口门	18	大潮	6.5	4.51	0.42	221	0.34	29	0.76	222	0.45	22
		中潮		3.50	0.29	273	0.36	75	0.52	268	0.51	84
	19	大潮	3.5	4.51	0.26	281	0.21	82	0.61	283	0.36	102
		中潮		3.50	0.22	284	0.17	89	0.40	280	0.32	107
	6	大潮	6.5	4.51	0.33	193	0.32	16	0.69	206	0.50	13
		中潮		3.50	0.21	201	0.25	12	0.45	178	0.39	26

(2) 废黄河口附近海域潮汐与潮流特征

废黄河三角洲海岸所在的南黄海北部海域受南黄海西北部旋转性驻波系统控制,近岸为非正规半日浅海潮型。在这一潮波系统控制下,该海区的潮流场分布特征表现为从无潮点附近起潮流由海向岸、由旋转流逐渐过渡为往复流。废黄河三角洲弧形岸线两侧潮流流向存在一定差异,南侧东南流主流向120°～130°,西北流主流向310°～320°,北侧东南流主流向160°～180°,西北流主流向330°～340°,弧顶部位海域潮流流向则介于南侧与北侧之间。反映在岸线向海凸出的废黄河三角洲海域,呈往复流的潮流流向明显受岸线地形的影响。从潮位过程线与流速过程线对比看出:潮流运动具有涨潮西北流、涨潮东南流和落潮东南流、落潮西北流4种形式,其中在平均潮位以上主要为东南流,平均潮位以下主要为西北流。涨潮东南流的历时大于落潮东南流,落潮西北流的历时大于涨潮西北流(图2-10)。

据2007年6月废黄河口外－15 m以浅3个断面共8条垂线水文测量资料显示(图2-11):除－2 m以浅近岸浅滩外,此海域的潮流均表现出明显的往复流性质,流向受地形影响显著。废黄河三角洲弧形岸线以南潮流主轴方向160°～340°左右,以北120°～330°左右。由外海向近岸潮流流速减小的幅度以弧形岸线两侧较大,弧顶部位海岸因水下岸坡较陡,流速衰减不强烈。各测点大、中潮垂线平均流速相差不大,均为0.6～0.7 m/s左右,小潮流速相对较小为0.4 m/s左右(表2-2);大、中、小潮垂线平均最大流速分别达1.2 m/s、1.0 m/s和0.7 m/s左右(表2-3)。

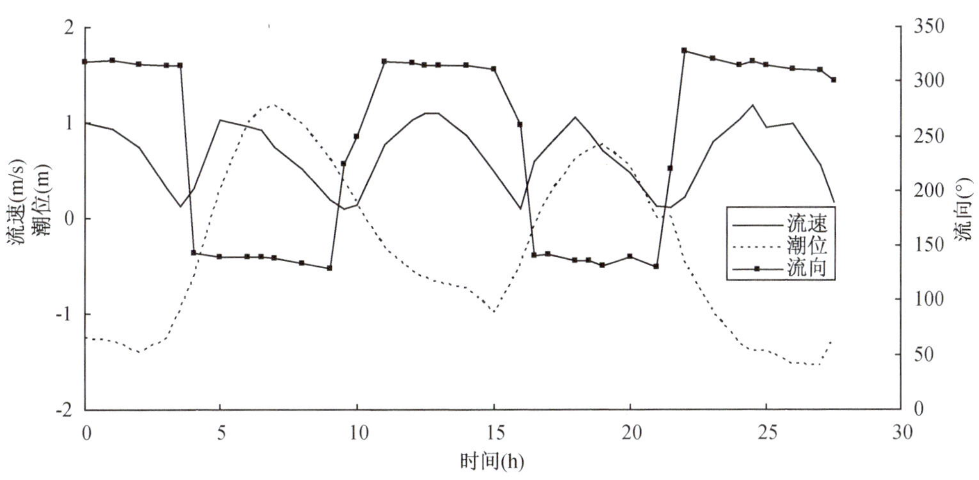

图 2-10　废黄河三角洲岸外大潮流速、流向和潮位过程曲线图

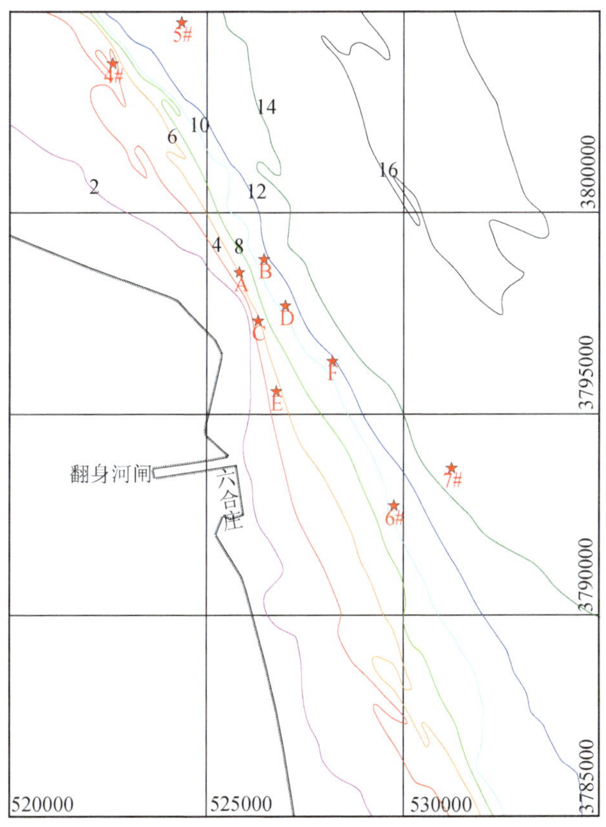

图 2-11　废黄河口外 2007 年 6 月现场水文测点位置示意图

表 2-2　废黄河口外 2007 年 6 月各垂线平均流速及主流向(流速:m/s,流向:°)

垂线号	大潮				小潮			
	东南流		西北流		东南流		西北流	
	流速	流向	流速	流向	流速	流向	流速	流向
C	0.75	166	0.99	345	0.57	155	0.73	333
D	0.81	158	0.88	313	0.63	162	0.79	335
4	0.56	120	0.38	309	0.44	120	0.35	310
5	1.01	131	0.88	320	0.67	128	0.67	318
6	0.77	168	0.71	341	0.54	169	0.56	336
7	0.75	176	0.71	333	0.58	161	0.57	335

表 2-3　废黄河口外 2007 年 6 月各垂线平均最大流速及主流向(流速:m/s,流向:°)

垂线号	大潮				小潮			
	东南流		西北流		东南流		西北流	
	流速	流向	流速	流向	流速	流向	流速	流向
C	1.36	164	1.33	344	0.93	163	1.1	335
D	1.46	161	1.22	336	1.11	160	1.04	339
4	0.84	120	0.54	315	0.65	116	0.65	310
5	1.50	131	1.26	318	1.23	132	1.06	319
6	1.34	164	1.05	342	0.99	165	1.07	339
7	1.45	178	1.15	334	1.06	167	0.9	336

(3) 辐射沙脊群地区潮流特征

辐射状沙脊群海区的潮流特征与地形密切相关,基本特征是以弶港为中心的各条潮汐通道内的辐聚—辐射的往复流。辐射状沙脊群近岸,有几个主要很大潮汐通道,其涨、落潮流速均较大,如西洋、黄沙洋、烂沙洋与小庙洪的实测最大垂线平均流速可达 1.5 m/s 以上。辐射状沙脊群潮汐通道具有大流速、往复流的特点,北部潮汐通道潮流的往复性要强于南部潮汐通道。

北部西洋水道处于潮差较大的强潮区,潮汐性质属于规则半日潮,最大流速出现在中潮位附近,高低潮时为转流时刻。工程区潮流流速也相对较大,主流向与岸线大致平行,近似呈南北向往复流,潮流流向偏南,落潮流向偏北,向岸一侧的滩地潮流表现为垂直岸线方向的漫滩和归槽水流(图 2-12)。西洋海域实测点大潮涨潮平均流速为 0.7～1.1 m/s,落潮为 0.5～0.8 m/s;涨潮最大流速为 1.3～1.8 m/s,落潮为 0.8～1.4 m/s,涨潮流大于落潮流。大潮流速大于小潮流速(表 2-4 和表 2-5)。

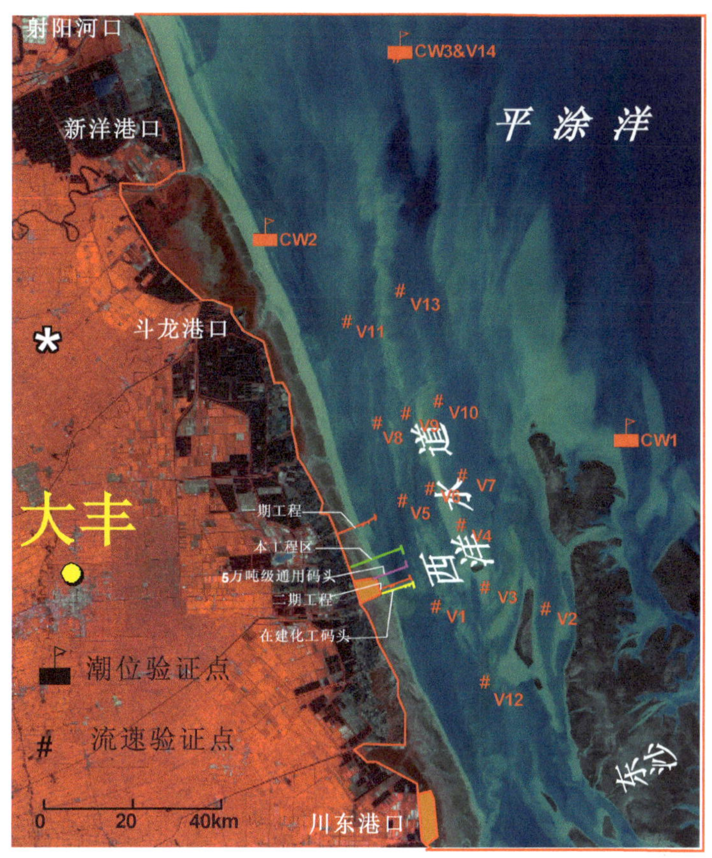

图 2-12　西洋水道海域各水文测点大潮流矢图

表 2-4　西洋水道 2009 年 12 月各垂线涨、落潮平均流速流向(流速:m/s,流向°)

垂线号	大潮				中潮				小潮			
	涨潮		落潮		涨潮		落潮		涨潮		落潮	
	流速	流向	流速	流向	流速	流向	流速	流向	流速	流向	流速	流向
V1	0.85	162	0.79	335	0.70	155	0.62	335	0.56	160	0.43	331
V2	0.74	178	0.58	356	0.56	180	0.48	357	0.49	178	0.45	358
V3	1.10	201	0.87	36	0.77	205	0.61	37	0.66	210	0.41	39
V4	0.70	177	0.79	354	0.47	177	0.56	360	0.61	176	0.46	374
V5	0.94	167	0.79	346	0.64	164	0.67	345	0.45	165	0.46	345
V6	0.71	180	0.80	353	0.53	179	0.62	355	0.51	181	0.58	352
V7	0.82	158	0.62	346	0.58	163	0.46	351	0.50	155	0.39	339
V8	0.92	146	0.72	347	0.66	142	0.60	345	0.50	142	0.45	346
V9	0.80	175	0.78	357	0.53	176	0.62	357	0.40	180	0.44	355

续表

垂线号	大潮				中潮				小潮			
	涨潮		落潮		涨潮		落潮		涨潮		落潮	
	流速	流向	流速	流向	流速	流向	流速	流向	流速	流向	流速	流向
V10	0.81	170	0.74	352	0.57	170	0.57	349	0.52	170	0.37	347
V11	0.81	178	0.75	354	0.60	174	0.64	358	0.40	181	0.37	353
V12	0.87	160	0.71	342	0.63	156	0.57	339	0.56	157	0.43	335
V13	0.82	171	0.49	346	0.61	171	0.59	345	0.49	170	0.43	343
V14	0.77	163	0.63	344	0.56	164	0.51	350	0.42	156	0.38	345

表 2-5　西洋水道 2009 年 12 月实测垂线平均最大流速及主流向(流速:m/s,流向:°)

垂线号	大潮				中潮				小潮			
	涨潮		落潮		涨潮		落潮		涨潮		落潮	
	流速	流向	流速	流向	流速	流向	流速	流向	流速	流向	流速	流向
V1	1.56	162	1.13	338	1.26	155	1.06	333	1.01	162	0.79	333
V2	1.33	178	1.07	359	1.13	179	0.86	357	0.78	176	0.76	357
V3	1.78	204	1.42	38	1.30	208	1.06	38	1.03	212	0.72	36
V4	1.27	173	1.29	356	0.90	175	1.07	366	1.09	176	0.84	376
V5	1.47	166	1.32	349	1.12	166	1.16	345	0.85	164	0.81	349
V6	1.23	176	1.35	356	0.90	179	1.14	358	1.09	178	1.10	356
V7	1.43	158	1.04	344	1.15	158	0.80	349	0.79	153	0.66	339
V8	1.65	143	1.19	346	1.16	137	1.07	345	1.03	143	0.84	347
V9	1.36	174	1.26	0	0.93	174	1.10	0	0.75	177	0.80	356
V10	1.45	170	1.13	355	1.05	170	1.05	349	0.86	172	0.64	345
V11	1.40	179	1.23	357	1.05	175	1.14	357	0.84	175	0.63	354
V12	1.48	157	1.08	343	1.17	156	1.00	337	1.00	159	0.66	341
V13	1.45	168	0.82	349	1.07	171	1.02	346	0.89	168	0.73	347
V14	1.20	164	0.98	354	0.94	166	0.91	349	0.72	160	0.69	355

中部烂沙洋水道:2008 年 4—5 月如东附近进行同步 18 条垂线大、中、小潮水文测量观测资料显示该海域潮流运动具有如下特点(图 2-13,表 2-6 和表 2-7):

① 潮流属规则半日潮流,前后两个半潮的涨落潮历时和涨落潮流速基本一致。

② 深槽区潮流最大流速出现在半潮位附近,明显呈驻波性质。

③ 潮流运动受水道和沙洲地形影响比较显著。相对靠近外海区域,潮流呈

旋转流性质;沙洲之间狭长水道内则往复流特征明显,涨落潮流方向与水道深槽走向一致。

④ 潮流流速的强弱分布较为稳定,并主要和平面位置有关。表现为外海区域流速大于近岸区流速,潮流通道内的流速大于通道边缘上的流速,顺直通道的流速大于弯曲通道的流速。反映在现有边界条件下为水下地形与潮流动力场的相互适应。

⑤近岸浅滩及潮汐水道交汇区域的流速、流向与附近测点有较大差别,反映了局部地形的影响和相邻潮汐水道之间存在频繁的水量交换。

⑥南水道南侧近岸浅滩区潮沟内水流平均流速约 0.2～0.5 m/s,最大流速不超过 1.0 m/s,流速明显小于南水道深槽(表 2-6)。

⑦北水道航道烂沙洋深槽区水动力较强,平均流速可达 0.8～1.0 m/s,最大流速可达 1.2～2.0 m/s,水流的主流向沿深槽走向(表 2-7)。

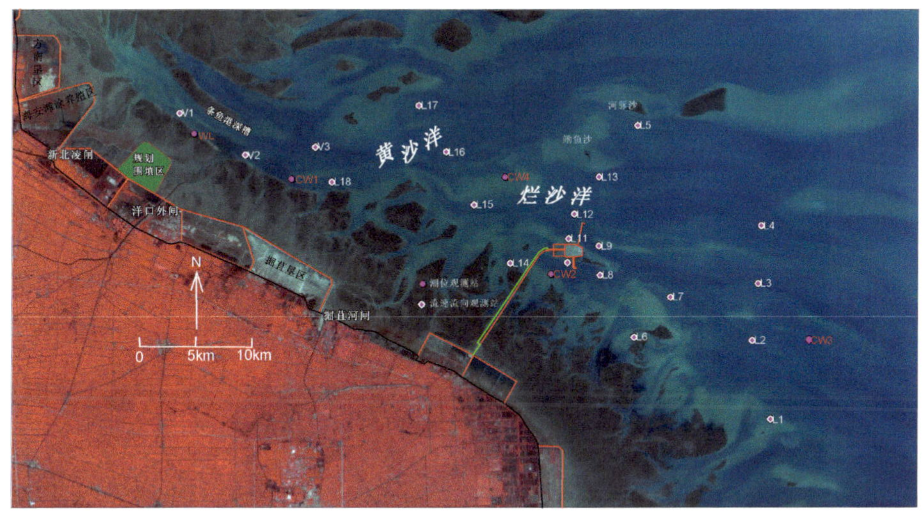

图 2-13　辐射沙脊群中部烂沙洋海域水文测量站位布置图(2008 年实测)

表 2-6　烂沙洋水道 2008 年 4—5 月实测大、中、小潮平均流速及流向(流速:m/s,流向:°)

位置		测站	大潮				中潮				小潮			
			涨潮		落潮		涨潮		落潮		涨潮		落潮	
			流速	流向	流速	流向	流速	流向	流速	流向	流速	流向	流速	流向
烂沙洋	南水道	L1	0.65	278	0.73	101	0.41	256	0.58	125	0.24	306	0.32	112
		L2	0.70	284	0.83	112	0.59	283	0.49	143	0.28	298	0.21	114
		L6	0.60	260	0.51	122	0.48	242	0.46	106	0.32	257	0.33	131
		L7	1.27	300	1.04	142	0.90	308	0.68	142	0.43	306	0.28	149

续表

位置		测站	大潮				中潮				小潮			
			涨潮		落潮		涨潮		落潮		涨潮		落潮	
			流速	流向	流速	流向	流速	流向	流速	流向	流速	流向	流速	流向
烂沙洋	南水道	L8	1.00	278	0.92	89	0.66	273	0.71	125	0.35	270	0.32	89
		L10	0.73	281	0.89	131	0.55	276	0.63	119	0.38	277	0.29	127
		L14	0.95	267	0.54	137	0.59	247	0.39	112	0.33	268	0.27	123
	中水道	L3	0.91	278	0.87	118	0.63	256	0.64	146	0.32	287	0.24	75
		L9	1.11	313	0.72	150	0.74	311	0.42	102	0.38	321	0.24	150
		L11	1.14	277	0.69	155	0.71	241	0.43	80	0.41	270	0.29	153
	北水道	L4	0.86	269	0.94	111	0.89	278	0.69	132	0.31	282	0.28	68
		L12	1.10	279	1.17	99	0.79	277	0.84	138	0.36	282	0.32	88
		L15	1.17	277	0.78	108	0.84	266	0.65	121	0.43	268	0.25	124
黄沙洋	南水道	L5	1.17	253	1.20	106	0.82	284	0.67	137	0.40	277	0.27	123
		L13	1.46	269	1.21	136	0.91	267	0.79	120	0.51	266	0.41	92
	北水道	L17	1.14	248	0.66	141	0.84	246	0.64	90	0.34	252	0.33	60
小洋港		L16	0.85	232	1.13	87	0.78	252	0.92	85	0.30	219	0.43	93
		L18	0.99	250	1.12	86	0.85	262	1.01	109	0.33	225	0.49	79

表 2-7　烂沙洋水道 2008 年 4—5 月实测大、中、小潮最大流速及流向(流速:m/s,流向:°)

位置		测站	大潮				中潮				小潮			
			涨潮		落潮		涨潮		落潮		涨潮		落潮	
			流速	流向	流速	流向	流速	流向	流速	流向	流速	流向	流速	流向
烂沙洋	南水道	L1	0.98	274	1.08	68	0.59	278	0.83	82	0.28	311	0.43	80
		L2	1.08	285	1.27	113	0.81	281	0.76	109	0.37	290	0.29	87
		L6	1.51	236	0.87	81	0.80	252	0.71	78	0.46	264	0.43	274
		L7	1.80	297	1.66	110	1.24	310	1.30	109	0.61	307	0.51	112
		L8	1.64	272	1.43	92	0.96	269	1.08	97	0.50	280	0.50	98
		L10	1.07	285	1.37	100	0.81	281	0.94	97	0.46	275	0.45	97
		L14	1.50	265	1.03	40	0.88	251	0.74	65	0.44	266	0.38	63
	中水道	L3	1.28	284	1.40	99	0.93	289	0.95	108	0.43	288	0.37	100
		L9	1.55	310	1.19	113	1.03	317	0.77	121	0.47	317	0.40	129
		L11	1.50	275	0.99	87	0.97	287	0.70	100	0.55	271	0.39	92

续表

位置		测站	大潮				中潮				小潮			
			涨潮		落潮		涨潮		落潮		涨潮		落潮	
			流速	流向	流速	流向	流速	流向	流速	流向	流速	流向	流速	流向
烂沙洋	北水道	L4	1.29	278	1.47	96	1.18	281	1.09	99	0.40	285	0.41	81
		L12	1.83	280	1.82	98	1.17	276	1.35	97	0.46	282	0.57	92
		L15	1.50	277	1.35	91	1.13	268	1.07	90	0.53	275	0.42	99
黄沙洋	南水道	L5	1.74	282	1.62	106	1.20	285	1.07	104	0.52	284	0.39	96
		L13	1.88	266	2.09	104	1.24	273	1.26	91	0.58	268	0.60	89
	北水道	L17	1.59	259	1.07	69	1.06	243	0.88	61	0.49	253	0.53	59
小洋港		L16	1.33	246	1.83	89	1.09	254	1.63	87	0.40	243	0.61	90
		L18	1.62	259	1.58	80	1.30	268	1.69	82	0.44	257	0.76	80

南部小庙洪海域：2006 年 8 月至 2012 年 2 月在小庙洪海域在规划海域共进行过 3 次大范围水文、泥沙测验。2006 年 8 月布置了 9 条垂线来进行大潮和小潮同步水文泥沙观测。V1～V4 测点位于冷家沙北侧开敞水域，V5～V7 测点分别位于三沙洪水道的口门、中段深槽和尾部，V8 和 V9 测点分别位于小庙洪水道中段和尾部的蛎岈山前沿深槽。2010 年 L1～L4 测点位于冷家沙北侧开敞水域，L6～L12 位于如东近岸海域。2012 年 2 月实测点 V1～V5 位于小庙洪及大湾洪水域，V6～V9 位于三沙洪网仓洪水域，V10、V12、V13 位于冷家沙头部，V11、V14 位于冷家沙北侧水域(图 2-14)。

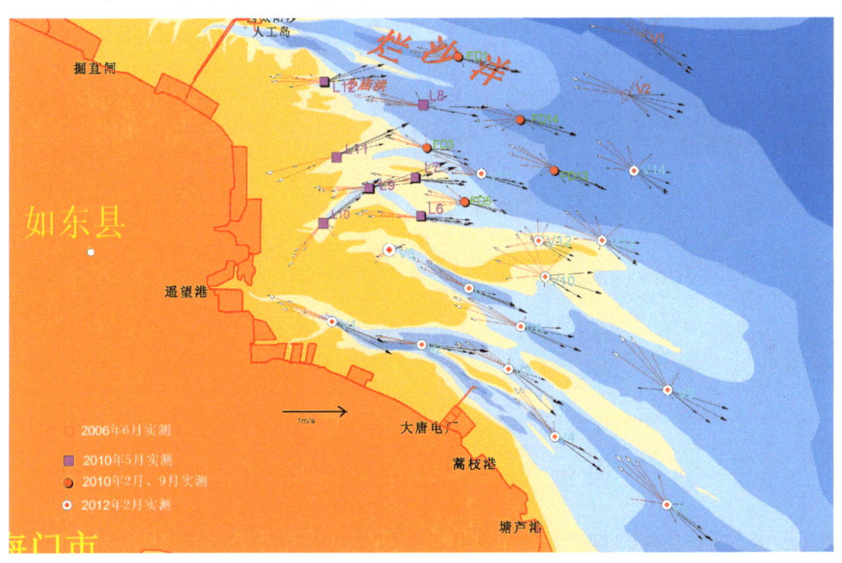

图 2-14　小庙洪海域附近历年的实测点大潮流矢图

根据大潮期间各测点垂线流速、流向实测资料，绘制出各测点大潮期间的流矢图(图 2-14)，并统计测流期间各测点平均流速和最大流速(表 2-8 和表 2-9)。由上述实测资料统计分析，可以看出工程区海域如下潮流特征：

① 潮汐水道中潮流以往复流为主，开敞水域旋转流特征明显

从各测点垂线平均流向和流矢图可以看出，位于冷家沙以北的 V1、V2、V3 和 V4 垂线的流向均表现出明显的顺时针旋转特征。位于三沙洪水道的 V5、V6 和 V7 垂线和小庙洪水道的 V8 和 V9 垂线的流向主要以 WNW(涨)和 ESE(落)为主，其中 7 号站由于三沙洪水道尾部向北转折，流向近 NW－SE 向，均呈往复流特征。这些位于潮汐水道中的测点垂线平均流向与水道主轴方向基本一致，反映潮流塑造脊槽相间地形格局的同时，水道中的潮流本身也受到其两侧沙洲或岸滩的制约；总体而言，－20 m 以深海域潮流运动具一定的旋转特征，水道中潮流则往复流特征明显，近岸潮沟区潮流受潮沟地形制约与沟槽走向一致。

② 冷家沙头部水流特征

冷家沙头部测点各小时流矢图显示冷家沙东段南侧的 10 号和北侧的 12 号断面在涨落潮过程中均有较为明显的越脊水流，冷家沙东北端外侧的 13 号测点虽有一定旋转流特征，但潮流椭圆主轴与冷家沙东北部前沿等深线走向基本一致(图 2-15)，反应冷家沙两侧有部分水体交换。

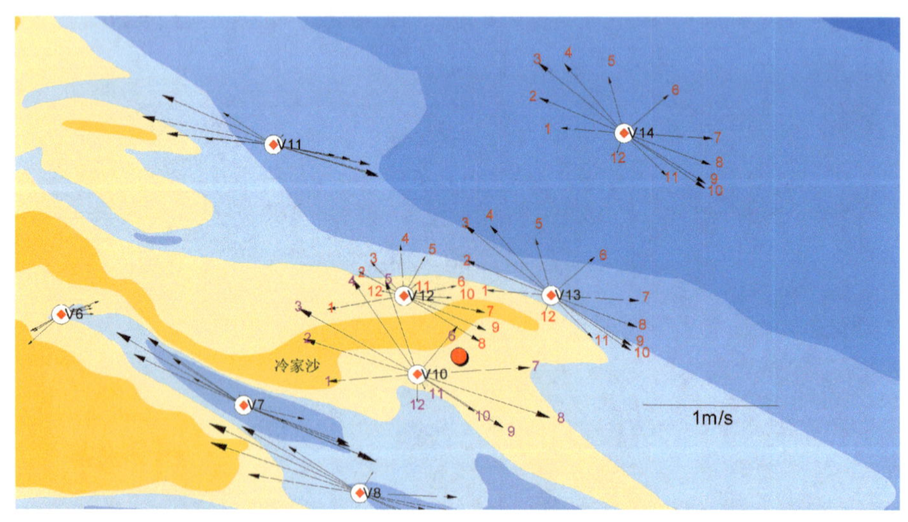

图 2-15　冷家沙附近测点流矢图

③水道深槽中的测点最大流速和垂线平均最大流速均普遍大于开敞水域

根据 2006 年实测各测点最大流速统计分析，位于三沙洪和小庙洪水道深槽

中的6和9测点的垂线平均最大流速均普遍大于冷家沙以北开敞水域各测点。各垂线的测点最大流速均出现在中层以上且以表层和近表层居多。整个观测期间测验水域涨潮最大测点流速为1.82 m/s，落潮最大测点流速为1.80 m/s(出现在V6垂线，相对水深为0.0 H)。各测点中涨、落潮最大流速的最大值均出现在水道深槽中。从各测点全潮平均流速对比看，除位于三沙洪尾部的7号测点外，

表2-8 小庙洪海域2010年5月实测大、小潮平均流速及流向(流速:m/s，流向:°)

潮型	测线号	涨潮平均		涨潮最大		落潮平均		落潮最大	
		流速	流向	流速	流向	流速	流向	流速	流向
大潮	L1	0.54	264	0.87	297	0.71	93	1.04	103
	L2	0.67	280	1.04	289	0.65	92	0.99	104
	L3	0.73	301	1.01	320	0.56	95	0.81	113
	L4	0.72	281	0.98	290	0.61	79	0.85	90
	L5	0.82	254	1.14	270	0.60	109	0.92	72
	L6	0.67	290	1.10	277	0.69	96	0.90	96
	L7	0.66	282	0.99	270	0.67	92	0.83	92
	L8	0.84	272	1.24	285	0.70	131	1.11	91
	L9	0.69	274	1.08	269	0.89	74	1.50	77
	L10	0.61	220	1.09	225	0.65	68	1.22	53
	L11	0.68	256	1.20	254	0.83	69	1.35	66
	L12	0.68	268	0.98	269	0.72	72	1.06	84
小潮	L1	0.29	217	0.43	306	0.45	119	0.69	126
	L2	0.37	299	0.47	300	0.50	104	0.66	105
	L3	0.31	319	0.39	320	0.41	127	0.54	125
	L4	0.30	270	0.34	278	0.41	109	0.54	105
	L5	0.36	292	0.40	287	0.39	121	0.53	114
	L6	0.30	244	0.44	305	0.42	98	0.69	110
	L7	0.35	292	0.44	289	0.29	152	0.40	112
	L8	0.32	287	0.40	288	0.52	108	0.73	113
	L9	0.34	277	0.38	280	0.40	66	0.55	81
	L10	0.19	234	0.26	224	0.24	52	0.33	57
	L11	0.27	264	0.36	263	0.35	69	0.44	71
	L12	0.29	286	0.38	283	0.38	134	0.52	86

表 2-9　小庙洪海域 2012 年 2 月实测大、小潮平均流速及流向(流速:m/s,流向:°)

潮型	测线号	涨潮平均		涨潮最大		落潮平均		落潮最大	
		流速	流向	流速	流向	流速	流向	流速	流向
大潮	V1	0.77	295	1.23	286	0.64	109	1.16	118
	V2	0.61	277	1.16	291	0.69	93	1.21	96
	V3	0.65	309	1.15	298	0.79	120	1.21	128
	V4	0.74	324	1.11	304	0.67	120	1.11	119
	V5	0.90	314	1.22	313	0.64	131	1.22	125
	V6	0.20	260	0.38	233	0.20	72	0.36	108
	V7	0.67	305	1.19	300	0.77	109	1.16	112
	V8	0.86	284	1.25	299	0.71	112	1.13	111
	V9	1.07	314	1.30	299	0.78	122	1.32	110
	V10	0.61	215	1.10	287	0.55	116	1.03	108
	V11	0.65	281	1.1	285	0.68	103	0.91	111
	V12	0.40	298	0.71	271	0.46	92	0.80	113
	V13	0.53	291	0.81	304	0.54	150	0.86	123
	V14	0.71	293	1.12	290	0.69	140	1.09	112
小潮	V1	0.32	288	0.61	282	0.35	86	0.55	102
	V2	0.32	299	0.50	283	0.47	96	0.64	95
	V3	0.47	310	0.73	304	0.45	101	0.79	116
	V4	0.37	310	0.65	324	0.45	131	0.73	127
	V5	0.47	310	0.71	321	0.41	126	0.74	146
	V6	0.14	254	0.29	277	0.15	79	0.22	90
	V7	0.39	291	0.76	298	0.35	115	0.84	120
	V8	0.39	294	0.63	298	0.42	119	0.76	118
	V9	0.41	304	0.70	323	0.37	137	0.80	134
	V10	0.59	323	0.78	298	0.41	136	0.75	160
	V11	0.30	292	0.61	299	0.31	93	0.63	121
	V12	0.35	301	0.68	310	0.39	110	0.62	114
	V13	0.34	294	0.63	318	0.36	109	0.61	138
	V14	0.33	278	0.65	304	0.36	94	0.63	112

潮汐水道中的所有测点全潮平均流速均大于冷家沙以北的 4 个测点。进一步说明,冷家沙以北水域的流场环境与辐射沙脊群区潮汐水道中的有着显著

差异。

④ 大潮和小潮潮流强度差异明显

大、小潮期间各测点实测潮流分析显示，无论是涨潮还是落潮，各测点小潮期间的最大流速和平均流速一般均为大潮期间的 0.3～0.5 倍，大潮期间的平均潮差也达小潮期间的两倍以上。可见就潮流动力而言，大潮在海床和岸滩演变中应起主要作用。

2.4 波浪特征

由于江苏近岸的南部和北部(以斗龙港为界)的沙洲分布差异较大，海岸走向和地貌形态不尽相同，使波浪分布和变化规律差异明显。江苏沿海北部海域开敞，海岸掩护条件较差，波浪从外海传入到近岸后仍具有相当的能量，从而造成海底掀沙和对海岸的侵蚀；在中南部海区，由于岸外分布有连绵起伏的辐射沙脊，波浪向岸传播过程中几经破碎，能量大大消耗，加上近岸宽阔平缓的潮间带滩涂的消能，波浪作用明显弱于北部海岸。

整个江苏海区盛行偏北向浪，其中南部的偏北向浪频率超过 60%，主波向为 NE 向；北部偏北向浪的频率达 68%，主浪向也为 NE 向。从多年统计资料看，江苏海岸的波浪强度具有明显的季节性特征。海区北部历年最大波高均值为 2.9 m，其中连云港站和开山岛站均观测到波高大于 5 m 的大浪；海区南部历年最大波高均值为 2.0 m，吕四站观测到的最大波高为 2.8 m。历年最大波高的峰值多出现在 9 月，谷值多出现在 6 月。

2.5 含沙量特征

江苏沿海岸外浅海泥沙含量较高，夏季平均含沙量大于 0.1 kg/m^3，冬季平均高达 0.3 kg/m^3。其中灌河口一带多在 0.1～0.38 kg/m^3 之间；废黄河口附近含沙量大增，一般均在 0.5 kg/m^3 以上；在辐射沙脊群的内缘区，含沙量剧增，新洋港至王港附近多在 1.0～2.5 kg/m^3 之间；辐射沙脊群区南翼近岸水域含沙量比北翼小。小洋口外大多在 0.4～1.3 kg/m^3，至北坎降至 0.3～0.8 kg/m^3，吕四附近又降至 0.2～0.7 kg/m^3；长江口北支也是泥沙含量较大的区域。较高的悬沙含量有利于潮滩沉积发育，但也易引起沿海闸下港槽的淤积。

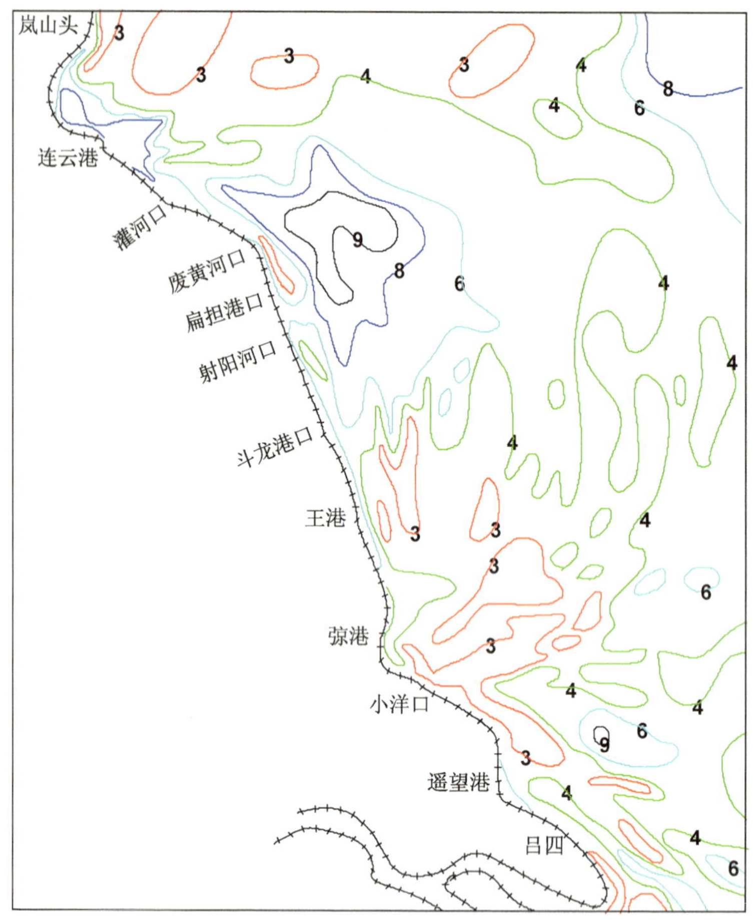

图 2-16　江苏沿海海底表层沉积物中值粒径等值线图(*Md φ*)

2.6　海床沉积物特征

江苏海岸沉积物组成多为活动性较强的粉砂和细砂，但由于动力地貌特征的差异，在沿海不同岸段和不同的地貌部位有着明显差异。自绣针河口至青口河的海州湾北部岸滩，以砂质沉积为主，向南到临洪河口经连云港至灌河口，沿岸主要为细颗粒的粉砂质黏土，其中大板艞至灌河口的近岸由于长期侵蚀，岸滩沉积物目前已明显粗化，并呈现出砂质海岸的特点，到－10～－15 m 水深以外逐渐变为黏土质粉砂和细砂；灌河口以南的废黄河水下三角洲区，除近岸有一些侵蚀残留粗化的细砂局部分布外，大部分为黏土质粉砂和粉砂质黏土；斗龙港以南的辐射沙脊区，分布着大片分选良好的细砂和粉砂；长江口北侧由于受到长江入海泥沙的部分北移的影响，分布有黏土质粉砂或粉砂质黏土(图 2-16)。

第3章 辐射沙脊群"水道-沙洲"系统演变趋势性特征

辐射沙脊在早全新世古长江三角洲基础上发育而成，历史时期黄河在江苏海岸入海的泥沙及黄河北归以后废黄河三角洲海岸的侵蚀泥沙也是其形成的主要物质来源。

公元1494年黄河全流夺淮后，在黄河泥沙向江苏近岸倾泻的过程中及特殊的潮流动力塑造下，18世纪初，江苏岸外沙洲的南半部已具辐射形，至19世纪中叶，中部的岸外沙洲也有了辐射状的雏形。公元1855年黄河北归山东利津入海后，江苏海岸大量的陆源泥沙断绝，海岸处于新的调整过程之中。北部的废黄河三角洲受侵蚀后退，部分细颗粒泥沙在沿岸流作用下向南带至辐射状沙洲。此时，长江口已移至东南，其大部分入海泥沙向南运动进入浙闽沿海，只有洪季时部分水、沙才会向北扩展，在涨潮流携带下影响到沙洲南部小庙洪水域。由于失去了大量的泥沙来源，潮流对海岸带的建造起主导作用，辐射状沙洲形态进一步与辐聚、辐散的潮流场相适应。

3.1 辐射沙脊群沙洲的演变特征

3.1.1 辐聚中心区二分水滩脊的南移

辐射沙脊群南、北两翼的分水滩脊位置变化代表了近岸南、北潮流强弱对比的变化趋势。1973年以来的二分水滩脊变化如图3-1所示，显示出北部西洋水道分汊之一的西大港与南部条渔港尾部之间的二分水在持续南移，且近年来有加速的趋势，如图3-2所示。1973年以来至2018年，二分水的最南端向南移动9.6 km，其中在1973年至2003年的30年间移动约2.7 km;2003年至2018年的15年间，进一步向南移动了6.9 km，目前的二分水已位于方塘河闸正东附近。在此过程中，二分水北侧的西洋持续向南发展，南侧的小洋港水道(条渔港)逐步萎缩。二分水南移是辐射沙脊主轴南移的主要表现之一。

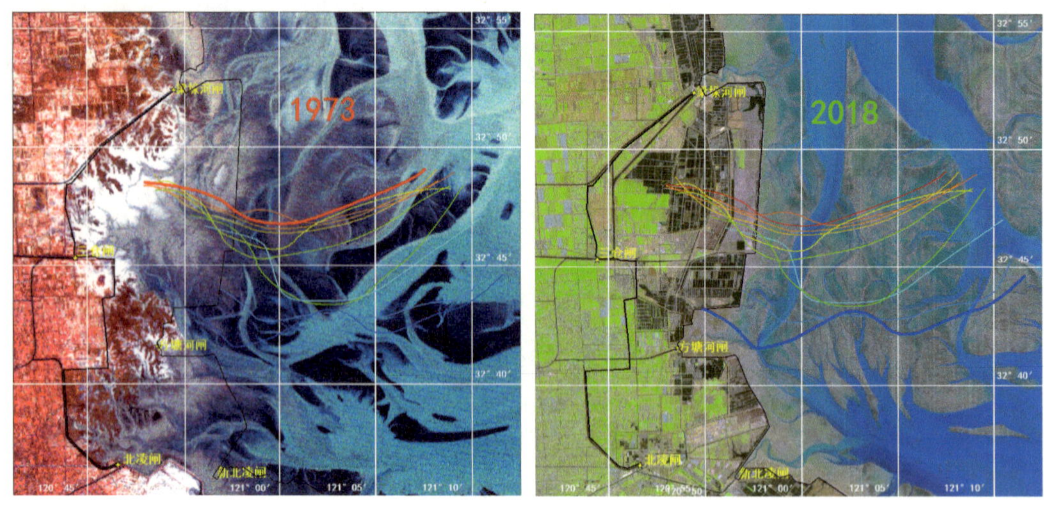

图 3-1　辐射沙脊辐聚中心区二分水滩脊的南移过程

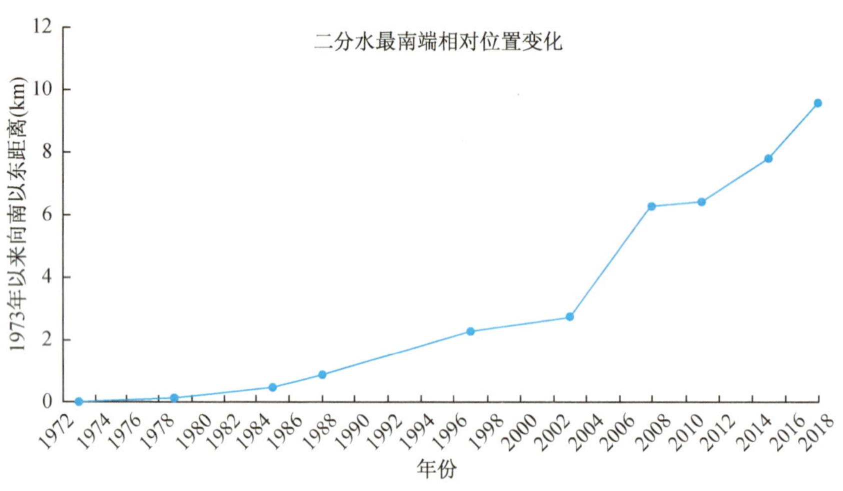

图 3-2　1973 年以来二分水滩脊线最南端向南移动的距离

3.1.2　辐射沙脊北翼东沙沙洲演变特征

从 1979 年和 2001 年海图的对比来看(图 3-3),辐射沙脊有从西北向东南移动的趋势,蒋家沙以北的沙洲在南、北向潮流作用下,北岸不断侵蚀,南岸则连续淤长,整体向南迁移,其变迁强度因沙洲位置和大小而异[37,57]。

辐射沙脊东北部各沙洲的形成主要靠接受故黄河的供沙,黄河北归后,这些沙洲同样因得不到充足的外来泥沙供给而开始遭受侵蚀。1930 年,辐射沙脊

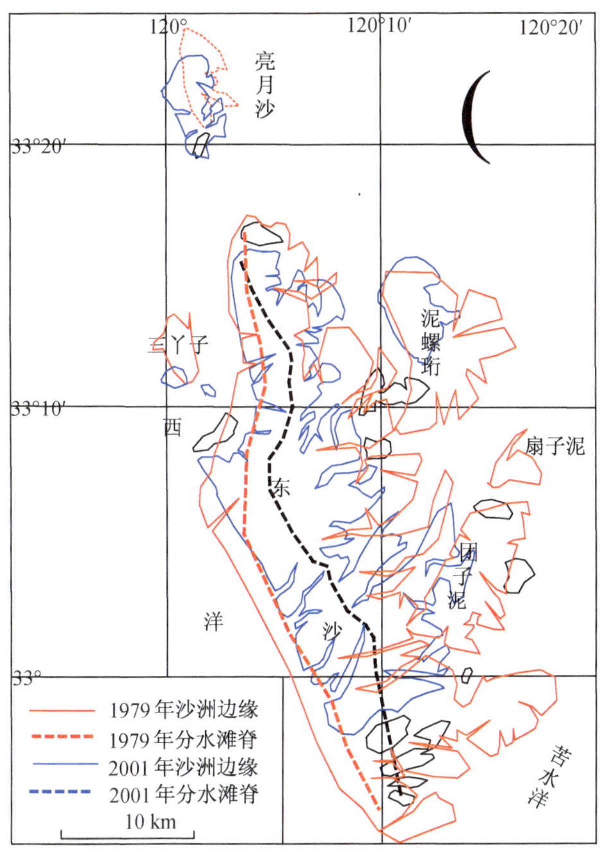

图 3-3 1979 年以来东沙滩脊线与水边线变化

的最北部的北沙与陆地的对出位置在新洋港口与射阳港口之间，该沙洲现在已经消失。1980 年辐射沙脊最北部的亮月沙也北伸至与斗龙港以南对面的位置，50 年间辐射沙脊的北缘南移了 30 km，向南退缩的速率达 0.6 km/a。到 20 世纪 90 年代末，月亮沙又南缩了约 10 km。

现处于辐射沙脊东北部的东沙，主要靠接受黄河供沙形成。黄河北归后，北部泥沙供给断绝，同时潮汐动力加强，使一度为辐射沙脊区面积最大的东沙开始遭受侵蚀，面积逐渐缩小（表 3-1）。东沙沙脊各沙洲北缘，南退趋势最明显，1979 年与 1964 年相比，无论是亮月沙、三丫子或主沙洲东沙的北缘均南移了 5～6 km；同时东沙的滩脊线和总体位置有向东南移动的趋势。由于卫片成像潮位的不同，难以判断其整体的向东移动量，但沙洲上的分水滩脊可以从其上小型潮沟分布判读出来。从图 3-4 上可以看出，1979 年到 2001 年的 22 年间，东沙的分水滩脊线平均向东移动约 4 km，平均约 200 m/a。毛竹沙沙脊的移位也比较明显，竹根沙北条泥、三角沙有向东南移动的趋势。

表 3-1　东沙面积的变化

年份	1973	1980	1984	1988	1997	1999
成像潮位(cm)	140	113	153	137	137	152
东台河闸当年平均高潮位(cm)	253	251	252	253	263 (1996)	——
斗龙港闸当年平均高潮位(cm)	385	389	386	381	393	397
东沙面积(km^2)	551.7	562.5	465.1	524.3	461.3	422

3.1.3　辐射沙脊南翼外缘的冷家沙演变特征

由于冷家沙属于辐射沙脊南翼最东部的低潮出露沙洲，其东北侧面临开敞水域，北侧虽有太阳沙沙脊东延的浅水暗沙，但两者之间水深大于 15 m 的深水区宽度已接近 30 km，远远大于辐射沙脊区的其他潮汐通道，沙洲对水道的约束作用不再明显(图 3-4)。

2006 年水下地形图显示，冷家沙东北侧海床整体表现为西南高东北低，海床坡度在不同水深部位变化较大，主要表现为上陡下缓，深水区水下地形无明显起伏波动。其中－16 m 至－18 m 水深部位为平均坡度不到 0.1‰的平坦海床，但冷家沙东北角向东北方向 0 m 到－12 m 之间为坡度 7.5‰的陡坡(图 3-4)。

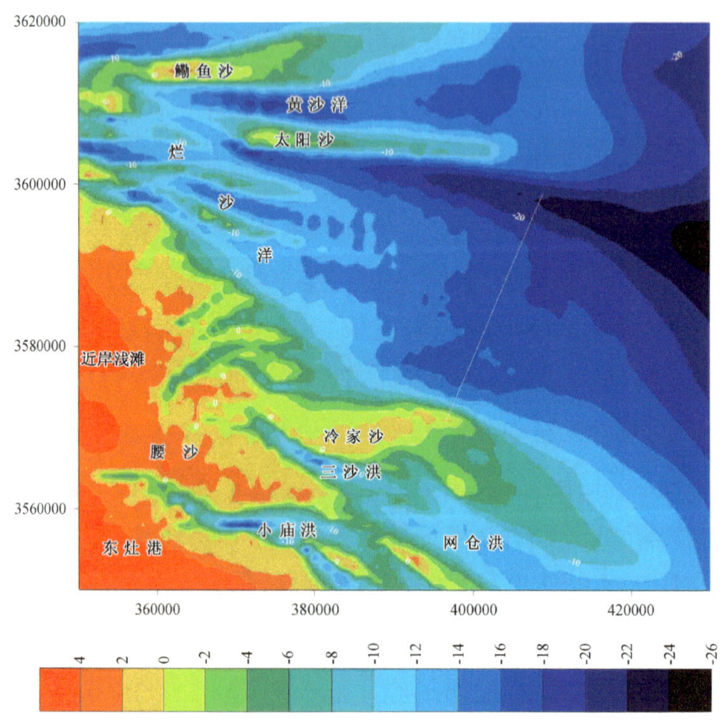

图 3-4　冷家沙附近水域水下地形及断面位置

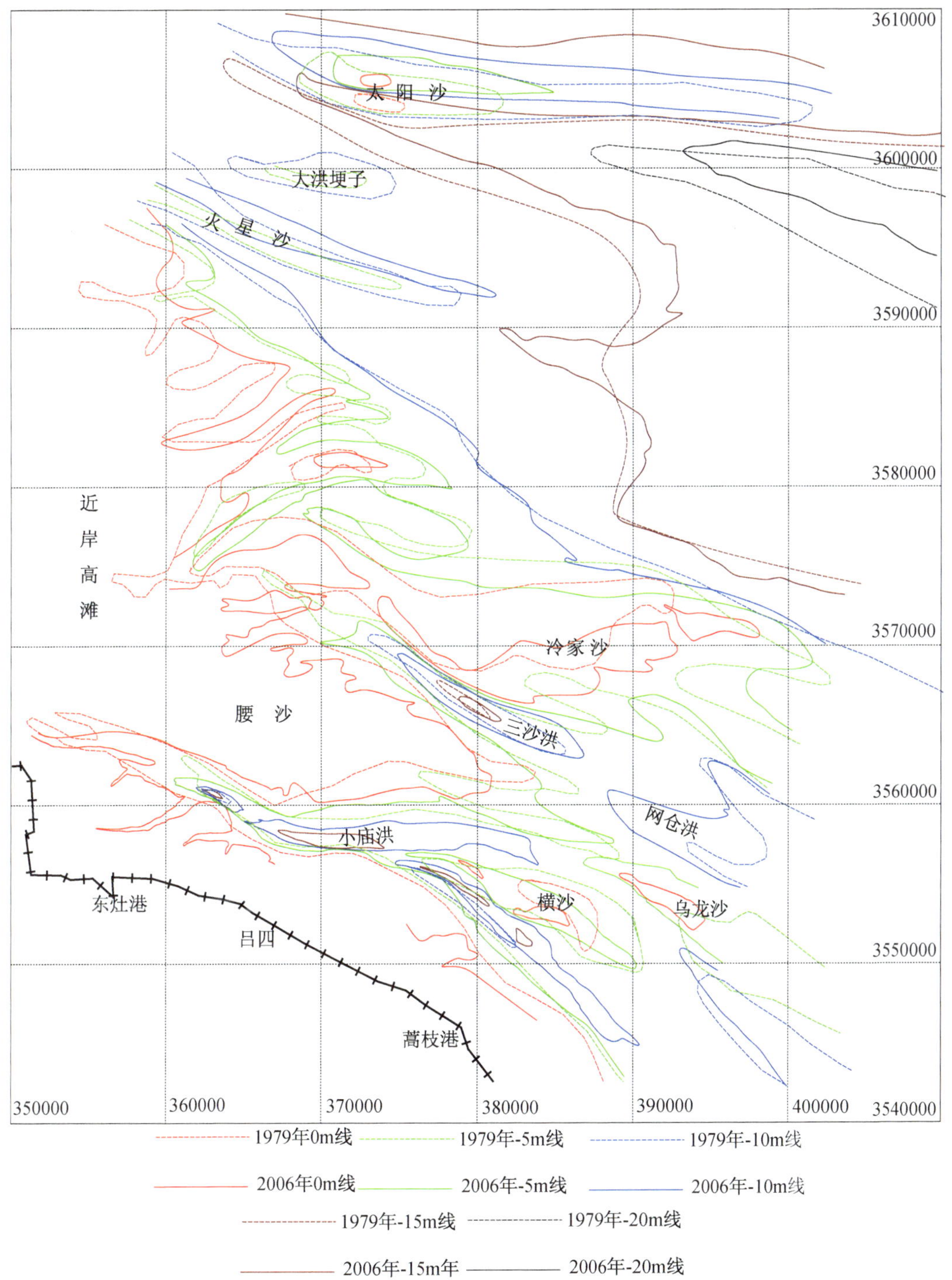

图 3-5　1979—2006 年冷家沙附近海域等深线对比

1979—2006 年地形和断面变化显示(图 3-5、图 3-6),27 年间冷家沙以北 —16～—18 m 的平坦海床非常稳定,水深变化幅度均不超过 1 m。靠冷家沙一

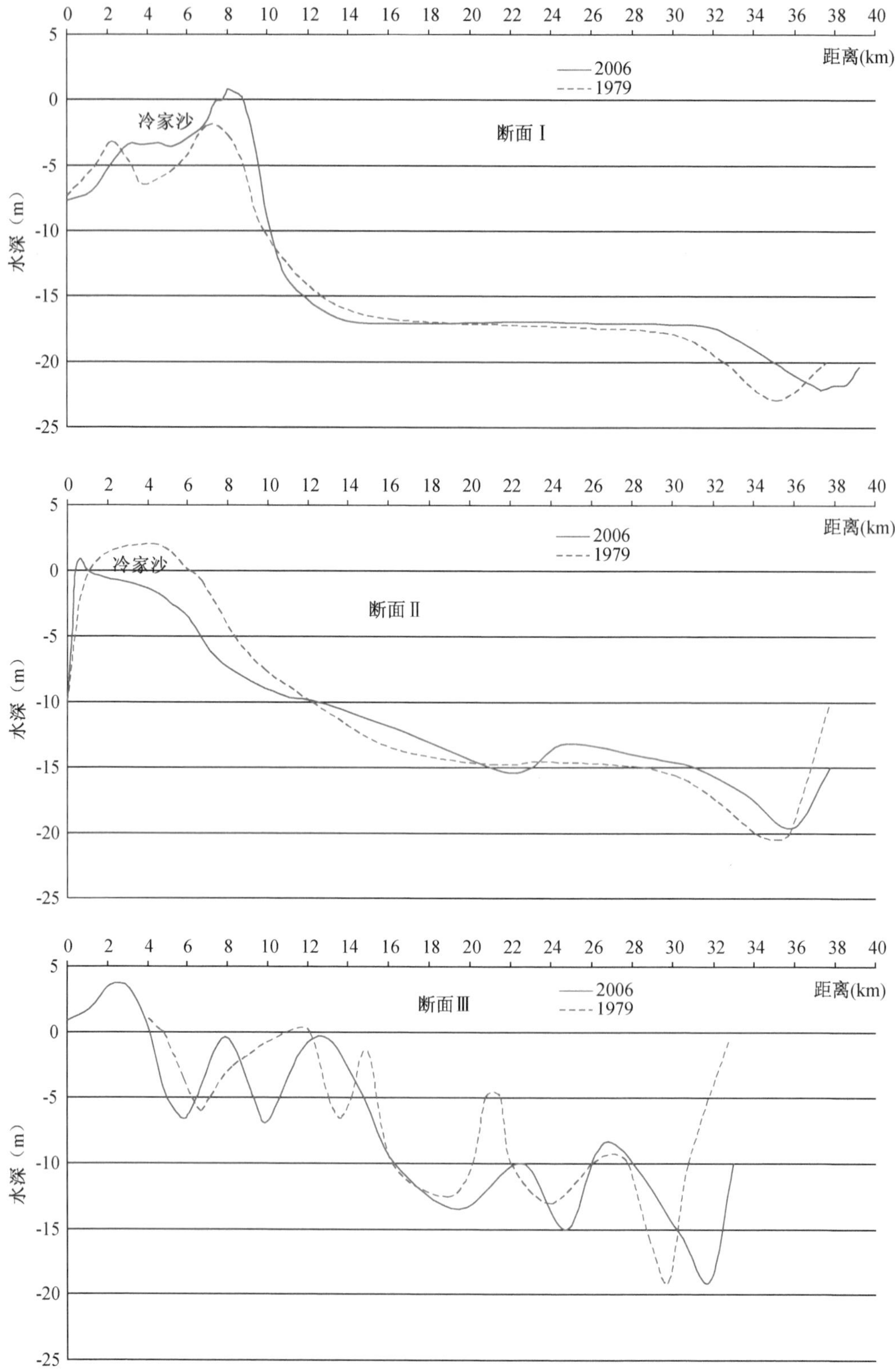

图 3-6 1979—2006 年冷家沙北侧断面变化（断面位置见图 3-4）

侧近东西走向的－15 m 线东段向南移动约 1 km。同时，－15 m 线南北走向段向火星沙南侧的烂沙南水道楔入约 6 km，但楔入部分两侧均有不同程度的东移。尽管如此，由于－15 m 线附近海床非常平坦，等深线移动所造成的冲淤幅度大多不超过 1 m，－15 m 以下海床的冲淤幅度更小。

冷家沙以北海域自东向西水深逐渐变浅，水下地形也自东向西逐渐由平坦海床向脊槽相间的地形格局过渡(图 3-4)。根据固定断面变化对比(图 3-6)，海床稳定性也由东部平坦海床的非常稳定逐渐过渡到西部脊槽相间水域的强烈动荡，冷家沙东部主体位置变化不大。

等深线对比同时显示，1979 年以来冷家沙北侧与近岸高滩间的潮沟得到迅速发展，主要表现为冷家沙中西段北侧－5 m 线和－10 m 线的整体南移，其中 2006 年－5 m 等深线已南移至 1979 年 0 m 线附近。该潮沟尾部深槽最大深度已由 1979 年的－6.8 m 增大到 2006 年的－11.6 m。在冷家沙中西部整体侵蚀南移的同时，沙洲东端继续向东北淤长，东端－5 m 线和－10 m 线分别向东北推进约 1 km 和 0.5 km，在－15 m 线南逼的情况下，岸坡坡度进一步变陡。

可见，冷家沙东北部深水区水深长期稳定，等深线有整体向南发展趋势，向西由于通向近岸的潮汐水道，等深线局部西延。这与辐射沙脊外冲内淤、主轴南逼的宏观背景一致。

3.2　辐射沙脊群水道的演变特征

随着黄河北归和长江口南移，辐射沙脊已成为一个相对独立的动力地貌系统。由于盛行风浪对沙洲外围的侵蚀，潮流辐聚、辐散的格局使部分泥沙向中心近岸区移动，受辐射状潮波影响程度不同以及潮流主槽的蠕动趋势等影响，沙洲内部侵蚀和堆积的过程仍不断发生。尤其是两大潮波系统对辐射沙脊各区域影响的程度有所差异，其中南部和北部的小庙洪水道和西洋水道主要分别受东海前进波和黄海旋转驻波的控制，动力条件相对单一，且一侧有海堤作为固定边界，其动态相对较弱。而中部陈家坞槽、苦水洋、黄沙洋、烂沙洋受两个潮波系统辐合影响的程度较大，动力条件比较复杂，水道两侧均没有固定边界，水道和沙洲的活动性也相对较强。

3.2.1　辐射沙脊北翼的西洋水道演变特征

西洋水道是江苏辐射沙脊中主要的潮汐通道之一，深槽轴线北北西，与海岸线平行，与潮流动力轴线相适应，平面上呈北北西开口的喇叭形。槽内以小阴沙和瓢儿沙为界分为东西两水道。西洋东侧为辐射沙脊中规模最大的东沙(图 3-7)。从水道

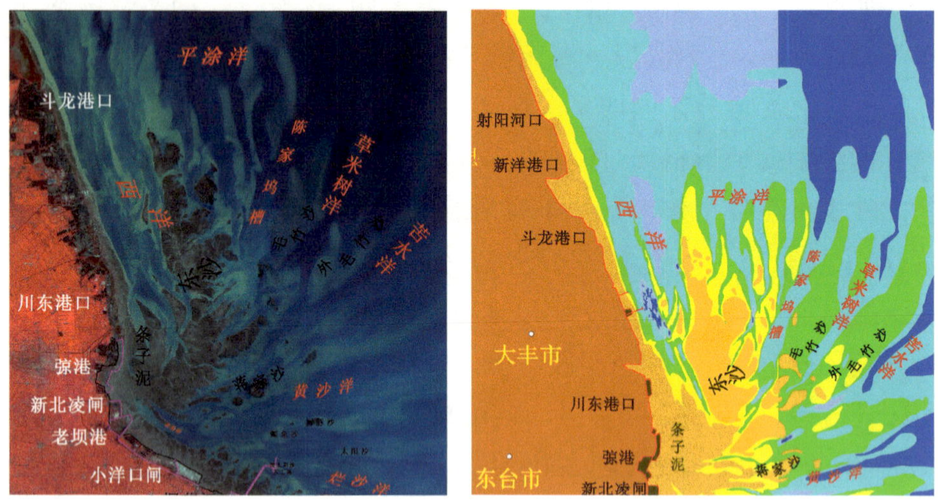

图 3-7　西洋水道区遥感影像图(左)、西洋水道海域形势图(右)

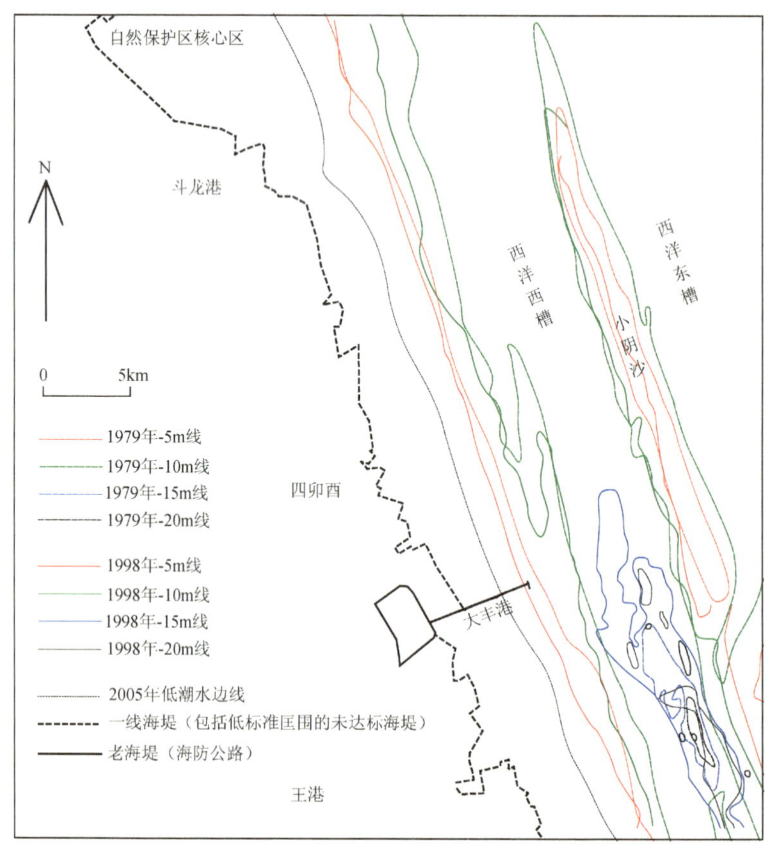

图 3-8　1979 年、1998 年西洋水道等深线对比(理论基面)

长度、宽度和深槽水深等方面看，西洋是辐射沙脊区规模最大的潮汐通道，但这条水道的发育历史并不很长。黄河北归后，黄河入海泥沙的干扰逐渐减弱，近海潮流作用的主导地位增强，近岸潮流进一步活跃，为西洋水道的南延和刷深提供了动力条件，并使之成为废黄河三角洲侵蚀泥沙向辐射沙脊腹地搬运的重要通道。

1904年英版海图中显示，废黄河口南侧仍然有规模宏大的沙洲(大沙)，今大丰港外的西洋水道中段所在位置也分布有一系列小沙洲，可见其时的西洋水道尚未贯通。据1937年日版海图，废黄河三角洲向南已出现水深较大的水道，南延至大川港(今龙王庙正东)，最大水深已达－11 m。但1947年英版海图显示，该水道已南延至万庄子港(今四卯西河口)，水深普遍达－12 m左右，最大水深－14.6 m。显然，在20世纪40年代，西洋水道已延伸至四卯西附近，并开始侵蚀四卯西至笆斗山一带的并滩沙洲。1957年的渔场图可以看出，西洋水道的已南延至笆斗山附近，与现今格局类似；1963—1967测量的海图资料显示，该水道已不再进一步向南延伸，但深槽水深进一步加大到－20 m以上，1979年测图中最大水深点位于王港外，为－28.5 m。1998年实测水下地形显示，该深槽位置变化不大，但最大水深进一步加深到－38 m。

1979—1998年小阴沙以西的西洋水道等深线对比显示出该水域海床的如下冲淤变化特征(图3-8至图3-10)：

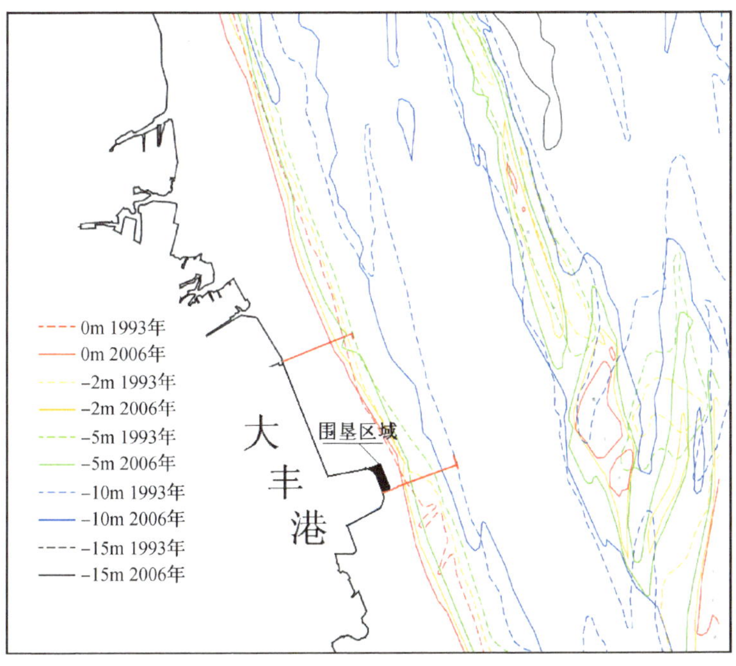

图3-9　1993年、2006年西洋水道等深线变化(理论基面)

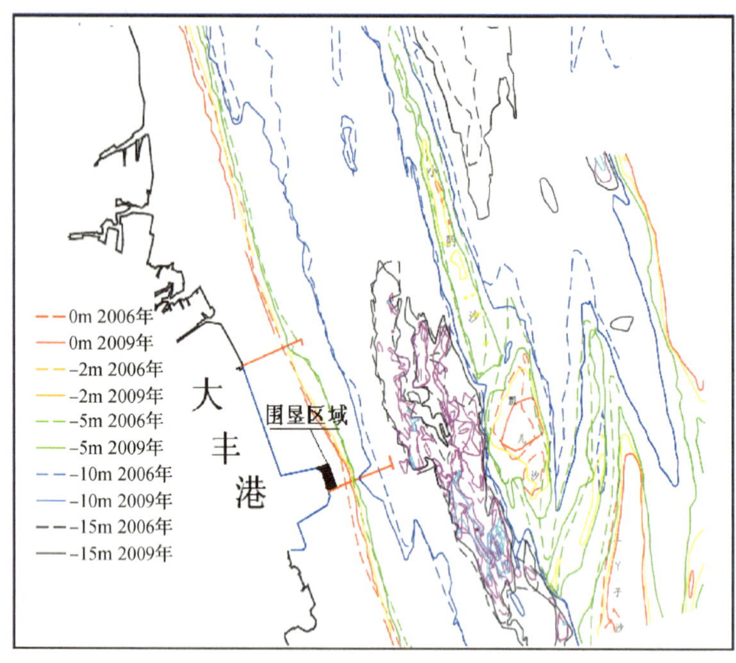

图 3-10　2006 年、2009 西洋水道各等深线变化(理论基面)

(1) 西洋东槽涨潮动力显著增强,深槽规模增大

西洋水道西槽水深进一步加大。主要表现为王港外深槽最大水深由 1979 年的 −28.5 m 增深至 1998 年的 −38 m;1979—1993 年间,西洋 −15 m 深槽南端向南延伸约 6.7 km,深入西洋东槽;1993 年 −15 m 深槽南端位置至 2006 年宽度接近 4 km,靠近小阴沙一侧 −15 m 等深线并向南延伸约 6.8 km;2006—2009 年 −15 m 深槽沿程宽度增加约 0.8～3.0 km,并向南延伸 2.6 km,年均约 0.9 km/a。

(2) 小阴沙北冲南淤,瓢儿沙分割西移

西洋涨潮动力增强,一方面使西洋东槽深槽发展;另一方面使分隔东、西槽的小阴沙和瓢儿沙发生较大变化,其中小阴沙北端逐渐南退[58]。在涨潮漫滩流增强的条件下,北部冲刷南退,沙体宽度变窄,中南部滩面淤涨,并呈现"北冲南淤"的趋势。−5 m 沙体面积由 1979 年的 4 298 万 m^2 持续减少至 2009 年的 1 483万 m^2,减少约三分之二。瓢儿沙平面位置发生巨大变化,中部潮汐汊道发育,使瓢儿沙 −5 m 沙体分为东西两部分。瓢儿沙中部汊道和东侧水道发展,成为西洋东、西槽水体交换主要通道。西沙体逐步向小阴沙移动偏转,加之小阴沙北部冲刷泥沙向南输移淤积在南侧沙尾,小阴沙和瓢儿沙间水道萎缩,−10 m槽于 1993 年消失,−5 m 等深线最窄距离由 1979 年的 2 600 m 左右缩窄至 2009 年的约 700 m。

3.2.2　辐射沙脊中部烂沙洋水道演变特征

烂沙洋水道位于辐射沙脊南翼，其北面有太阳沙、茄儿杆子、茄儿叶子、鳓鱼沙与黄沙洋分隔，并被火星沙、西太阳沙等沙脊分隔成北、中、南三条水道。这三条水道的尾部相互贯通(图 3-11 和图 3-12)。

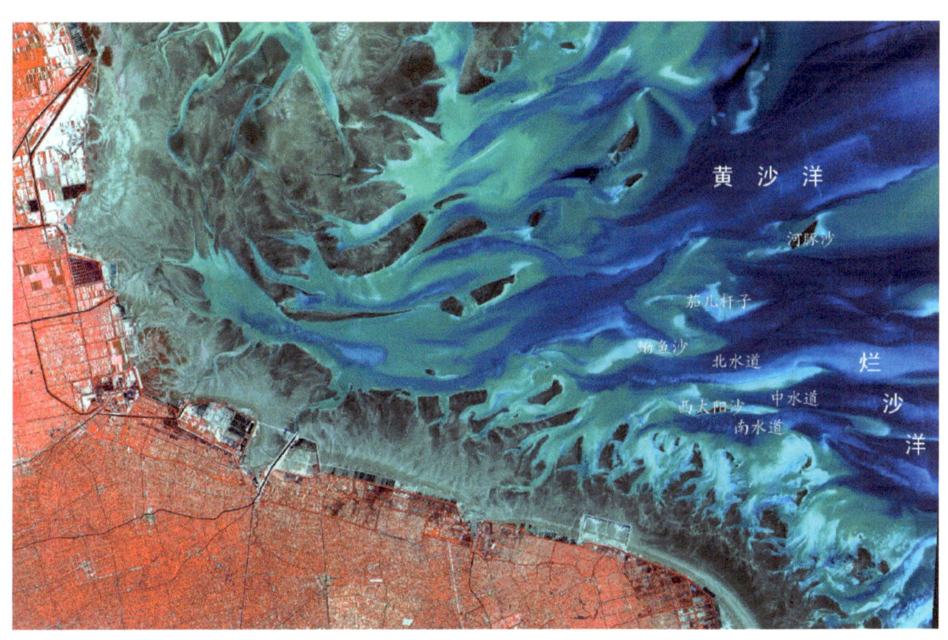

图 3-11　烂沙洋海域遥感影像图(2010 年 5 月摄)

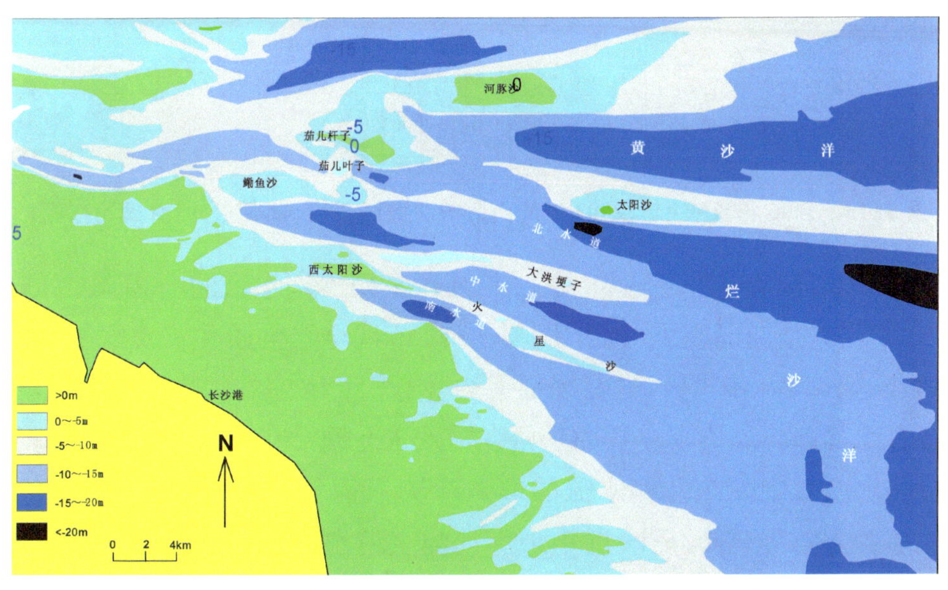

图 3-12　烂沙海域形势图

（1）等深线变化

通过所收集到的1963—1967年、1979年、1994年、2003年、2005年烂沙洋海域水下地形资料，进行－5 m、－10 m等深线对比，以认识近40年来水道沙洲的动态（图3-13至图3-15）。

由－5 m等深线变化看出（图3-13）：20世纪60年代，西太阳沙南水道的－5 m线尚未贯通，头部只是间断分布的两个深潭，走向为西南方向。70年代末南水道－5 m线全线贯通，尾部仍为西南方向，中部较60年代的范围扩大一倍以上，宽度达1.5～2.0 km。90年代南水道中部－5 m线宽度进一步扩大到2.0 km以上，尾部向北摆动转为东西向，并西延约2 km。表明此30年间，南水道处于不断发展过程，整个水道不断顺直并西伸。在这期间，烂沙洋水道的－5 m线摆动幅度较大，尤其西太阳沙东北侧－5 m线30年间平均南移近2 km，同时西太阳沙北侧的－5 m线也南移，说明烂沙洋尾部在向西太阳沙北缘逼近。近10年来，伴随着西太阳沙北侧突出部分的冲刷，该区域－5 m线相应南移，而大洪埂子的－5 m区域范围扩大，并呈东西向延伸，具有与西太阳沙相连之势。西太阳沙南水道－5 m线的宽度变化不大，仅尾部向西延伸。

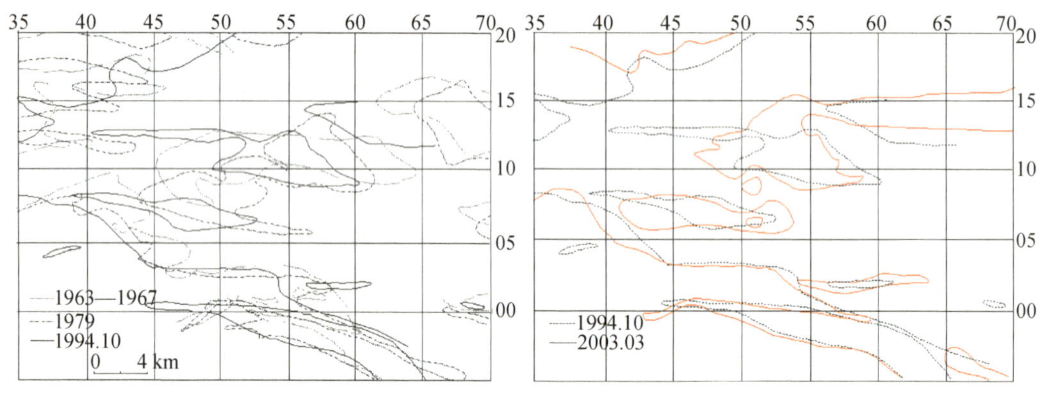

图3-13　1966年、1994年、2003年间西太阳沙海域－5 m等深线对比（理论基面）

－10 m线等深线变化显示（图3-14）：西太阳沙南水道的－10 m区域在20世纪60年代只是局部一块，70年代末，－10 m线全线贯通并较大发展，90年代时－10 m范围进一步扩大，尤其尾部平均增宽550 m左右。烂沙洋水道的－10 m线也有南移趋势。值得注意的是西太阳沙东北侧又有一条－10 m深槽楔入，同样反映出西太阳沙东北侧水流的增强。从1994—2003年的变化看，烂沙洋深槽尾部普遍向西延伸，反映近年来烂沙洋主槽水流动力仍是增强的，而同期南水道及西太阳沙东北侧－10 m深槽的发展并不明显，尤其东北侧深槽的尾部还略有后退。

上述地形对比反映，近 40 年来，烂沙洋水道尾部不断发展，主轴南移，西太阳沙北侧处于冲刷环境；西太阳沙南水道深槽在前 30 年处于从无到有并不断发展的状态，但后 10 年的发展变化已明显趋缓。

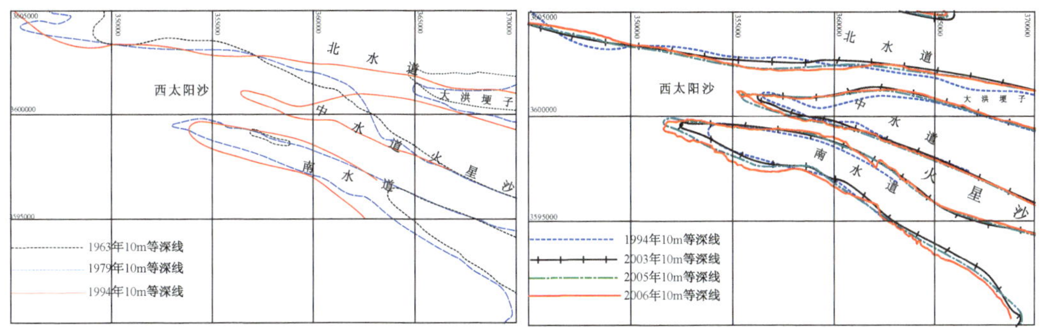

图 3-14　1966 年、1994 年、2003 年间西太阳沙海域－10 m 等深线对比（理论基面）

另由 2003 年 4 月和 2005 年 5 月水下地形对比显示（图 3-15）：南水道－10 m、－15 m深槽均有所扩展，中水道－10 m、－15 m 深槽分别西延 500 m 和1 800 m，西太阳沙东端相应萎缩；北水道－10 m 深槽向西延伸，－15 m 深槽有南移迹象，北水道潮流动力增强和主轴南逼的趋势依然存在。南水道深槽扩展中水道深槽西延和北水道深槽南逼反映西太阳沙东北侧潮流动力有所增强，西太阳沙东北侧岸坡明显冲刷后退。

图 3-15　2003 年 4 月、2005 年 5 月西太阳沙海域等深线对比

3.2.3　辐射沙脊南翼小庙洪水道演变特征

小庙洪水道是辐射沙脊最南端的一条近岸大型潮汐通道，其发育历史可追溯到晚更新世，当时为古长江在大陆架上的延伸；在全新世早期的海侵、海退中，仍为长江支流的水下泄流汊道，以后随长江口南移，潮流作用逐渐取代径流，在潮流冲蚀下，水道进一步发展为潮汐深槽。目前水道走向基本与吕四海堤走向一致，呈 NNW—SE 走向，深槽 0 m 线距海堤 3.5～6.0 km。水道长约 38 km，口门宽 15 km，水道中段宽 4.5 km，尾部在如东浅滩消失。在辐射沙脊中，小庙洪水道为相对独立的水、沙系统，其尾部并不与相邻的潮汐水道相连通，并且腰沙将水道与北部的网仓洪深槽隔离，涨落潮过程中越过腰沙滩脊自由交换的潮量很少。小庙洪口门段有两条 0 m 线以上的沙洲，将口门分成北、中、南三条水道。小庙洪水道内有三处 −10 m 以深的深槽，分别位于小庙洪南水道、水道中段和海门区段的蛎岈山北侧前缘(图 3-16)。

小庙洪水道受东海前进波单一的潮波系统控制，与相邻潮汐通道的水沙交换少，水道及岸滩动态主要受内部各支汊消长的影响。海门区段相对靠近腰沙掩护的小庙洪水道尾部，水道地形及动力条件更趋单一。

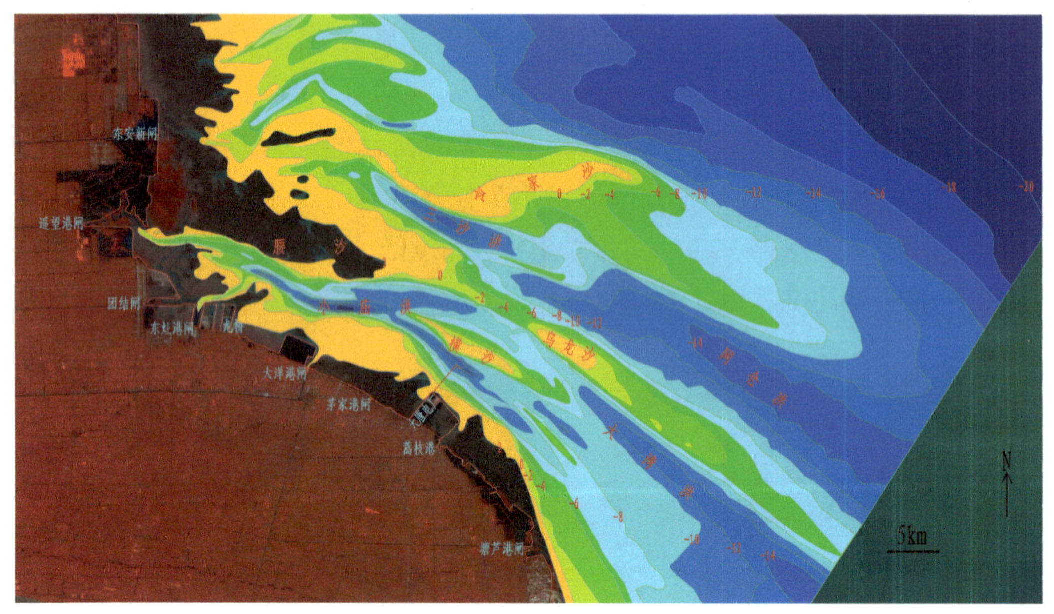

图 3-16　辐射沙南翼小庙洪海域水下地形图

为了研究小庙洪水道近期的动态变化，对所收集到的 1963 年、1979 年、1989 年、2000 年和 2009 年的地形资料进行了对比分析。从水道−5 m、−10 m等深线的对比分析中可得到水道平面形态变化的认识[60−63](图 3-17 和图 3-18)。

−5 m 等深线的变化：在 1963—2000 年间(图 3-17)小庙洪水道南侧的−5 m线基本上没有变化，而北侧−5 m 线显著南移。1968 年的北水道−5 m 深槽

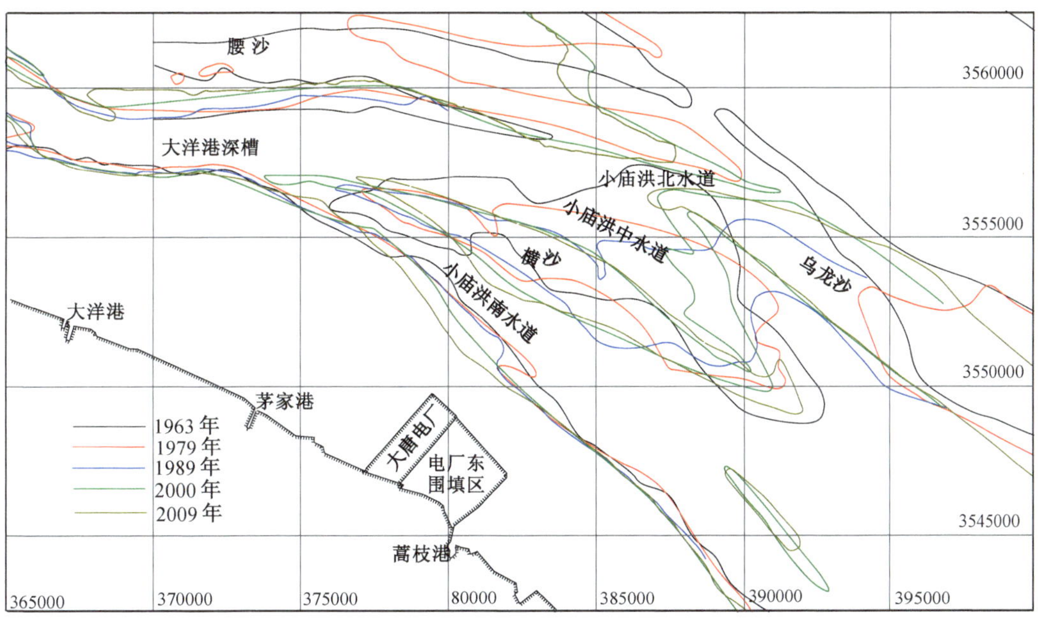

图 3-17 小庙洪海域 1963—2009 年－5 m 线变化

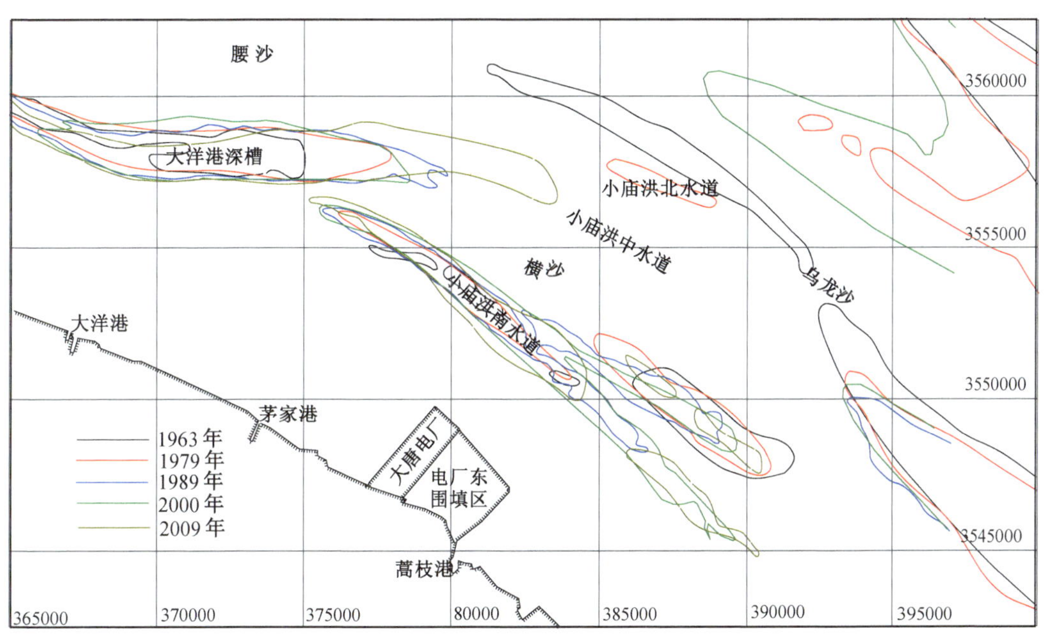

图 3-18 小庙洪海域 1963—2009 年－10 m 线变化

至 1979 年萎缩了 10 km，至 1989 年又萎缩了 1 km，宽度也逐渐变窄，到 2000 年这条原通向外海的深槽由于不断淤积已变成一条封闭的水道，所包围的面积还在继续缩小。同时，口门段环绕横沙的－5 m 线在 20 世纪 60、70 年代还是一条封闭的线，与口门外－5 m线之间有一浅槽相隔，从大湾洪进入的潮量有一部分由此经北水道和中水道进入小庙洪。但到1989年时，横沙与乌龙沙－5 m线相连，使由大湾洪进入北水道和中水道的潮量有所减少，这部分水体转由南水道进出小庙洪，导致横沙东南侧－5 m线冲刷后退，从1963年到1989年，平均每年北移136 m。2000年，虽然横沙与乌龙沙相连的－5 m线又被冲刷出一条宽400 m，深6 m的浅槽，但过水断面增加并不大，此时横沙东南侧－5 m线与1989年相差不大。由2000—2009年的变化看：小庙洪南侧尤其口门段－5 m线基本稳定，横沙及南水道南、北汊头部－5 m以浅的部分有东移趋势，横沙与乌龙沙之间仍处于动荡之中，北水道－5 m以深的深槽已完全消失。

－10 m等深线变化：从图3-18看出，20世纪60年代－10 m深槽在南、北水道内均有出现，且北水道深槽长达10 km，而南水道－10 m线只在中段呈条状分布，口门附近只是不连续的深槽，反映出60年代时，有很大一部分水体是从北水道进出小庙洪的。至1979年，北水道－10 m以深的深槽已严重淤积，长度只有4 km，深槽位置南移600 m。同时，南水道中段－10 m深槽范围扩大，口门处－10 m线基本上连成一片。至1989年，北、中水道－10 m深槽全部消失，南水道－10 m深槽贯通，并在头部分为南、北两汊。至2000年南水道－10 m深槽进一步稳定发展，北汊的头部冲淤动荡，南汊则持续发展。从图中还看出，小庙洪口外大湾洪头部轴线方向自60年代以来有逐渐南转之势，这一趋势对南水道发展是有利的。图3-18显示，近10年来，小庙洪中段－10 m深槽和南水道－10 m深槽的位置稳定，深槽的范围向东西向扩展，南水道头部进一步发展，南、北汊深槽分流口相应东移，南汊－10 m深槽向东扩展过程中，深槽宽度也在不断扩大。

水道平面形态变化显示近40年来，小庙洪水道一直存在着北淤南冲的演变趋势，口门段的北水道深槽不断萎缩直至消失，南水道充分发展；自20世纪80年代南水道头部分成南北两汊以来，南汊始终处于发展的过程。

第 4 章 辐射沙脊群演变趋势性特征的动力机制分析

近 40 年来的水下地形资料对比显示：南黄海辐射沙脊群区水道及其之间的沙洲普遍存在逐渐向南偏移的趋势（潮波辐聚中心区的二分水滩脊线南偏，西洋主槽冲深、南延，东沙滩脊东移，南翼烂沙洋水道、小庙洪水道向南逼近）。有关辐射沙脊群整体南移的原因及机理虽有诸多猜想，但至今没有统一可靠的认识。本项研究在参考古文献记载、已有研究成果并结合钻孔资料和近期实测地形、水文资料的基础上恢复了黄河北归后苏北黄河三角洲海岸不同发育阶段的岸线位置和水下地形。在此基础之上，通过所建立的大范围潮波数学模型和局部潮流数学模型，研究了苏北黄河三角洲不同演变阶段南黄海潮波系统的特征及其变化，分析了三角洲海岸演变与潮波系统变化的对应关系和相互作用，探讨了控制辐射沙脊群趋势型演变的主要驱动力。

4.1 江苏海岸发育的历史背景

江苏海岸是在古砂质堡岛潟湖海岸基础上由长江、淮河、黄河入海泥沙供给逐渐淤积而成的以淤泥质海岸类型为主的海岸，期间特殊的海洋动力环境和大江大河尾闾变迁是影响江苏海岸历史演变的主要因素，从图 4-1 所示的岸线历史变迁情况，可见江苏海岸在新石器时代以来发生了沧海桑田的历史性巨变。

全新世最大海侵时期（约 7 ka B. P.）至公元 12 世纪，江苏海岸岸线变化相对较小，长期基本稳定在赣榆—响水—阜宁—海安一带，海岸类型为砂质堡岛海岸。其中北部有一些基岩岛屿分布，如云台山、开山岛等；南部接受长江入海泥沙供给而缓慢向东南淤进。其时控制江苏海岸发育的东海前进潮波和南黄海旋转潮波已基本形成，潮波格局已类似于现今状况，但外来泥沙供给相对较少，岸外尚无大量沙洲发育，海域整体开敞，波浪作用较强，近岸物质组成主要为中、粗砂（图 4-1）。

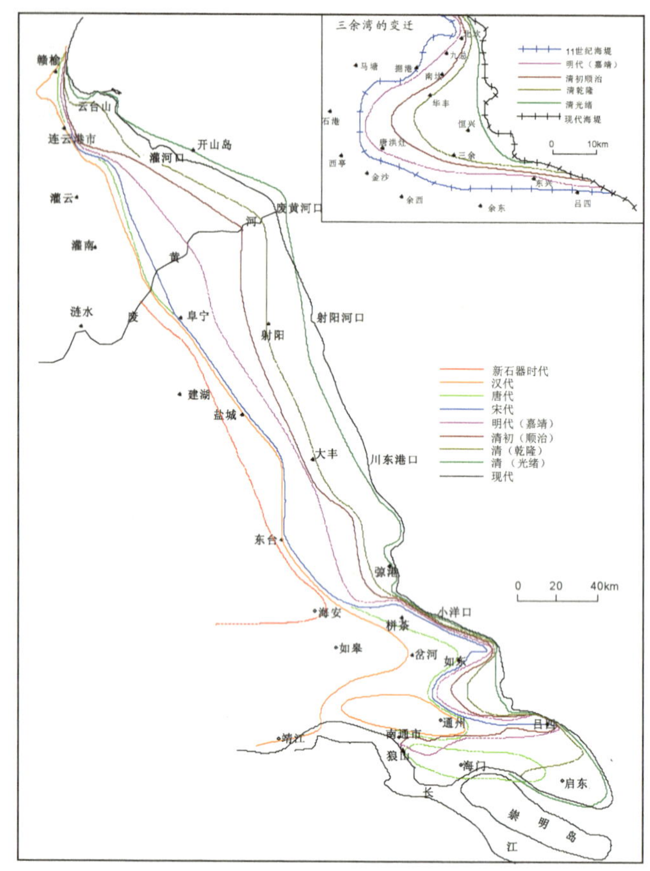

图 4-1 江苏海岸的岸线变迁(改自文献[32])

整体而言,海安以北海岸的历史演变与黄河尾闾变迁关系密切,海安以南的辐射沙脊南翼岸段主要受长江口逐步南移的影响。

4.1.1 江苏北部海岸的历史变迁

全新世最大海侵以来(约 7 ka B. P.),苏北沿海海平面变化相对较小且接近现代海平面,这一时期的海岸演变主要受控于河流供沙。作为世界上输沙量最大河流的黄河,其尾闾的变迁对这一地区的海岸演变影响最为明显。根据黄河夺淮入海和北归前后海岸演变的特征,将 7 ka B. P. 来苏北海岸的演变分为如下几个阶段,即黄河夺淮前海岸的相对稳定阶段、黄河夺淮期间海岸的快速淤进阶段和黄河北归后海岸的剧烈调整阶段。

在 1128 年黄河夺淮入海之前,苏北海岸主要受长江和一些在本区入海的中小型河流如淮河、灌河等的影响。当时的长江口北岸沙咀和其他河口两岸的沙咀以及滨岸沙堤构成了从长江口到鲁东南基岩海岸的一系列堆积沙体——

堡岛。由于长江供沙的北上和其他河流的供沙量非常有限,堡岛海岸长期相对稳定在现存的几道沙冈附近,最著名的为盐城境内的西冈、东冈以及其间较短的中冈(图 4-2)。它们代表着堡岛海岸的不同发育时期,发育年代分别为:西冈 6 700—4 500 a B. P. ,中冈 4 500—4 200 a B. P. 和西冈 4 000—3 200 a B. P. 。由于海岸开敞,岸外无沙洲掩护,波浪作用较强,且沙源主要为源短流激的河流输送的粗颗粒物质,这些沙冈的物质组成多为黄褐色的中、细砂,中值粒径多在 0. 25～0. 125 mm,代表了当时相对稳定的砂质海岸。

古淮河口南北的堡岛内侧是一些被堡岛封闭的潟湖,主要包括淮河口南(今里下河地区)的古射阳湖、今沭阳以东至灌云和灌南的硕项湖和桑墟湖。由于需要宣泄潟湖的纳潮量和径流,在这些堡岛海岸上形成一系列潮汐汊道。其中最主要的是阜宁县的射阳湖口(苗湾口)和喻口,向南还有盐城的石达口、大丰的刘庄、白驹和草堰口以及东台的海道口等。

沿岸沙坝、潟湖以及穿过沙坝的潮汐汊道构成了苏北古砂质堡岛海岸,这种海岸类型稳定发育数千年,岸线变迁非常缓慢,直至 1128 年黄河夺淮由此入海。

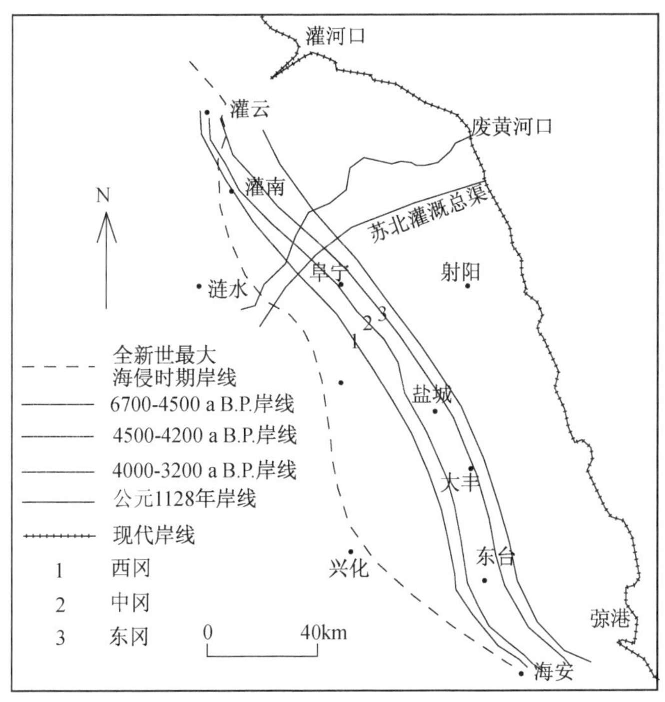

图 4-2　黄河夺淮前江苏北部岸线变迁示意图(改自文献[32])

4.1.2 黄河夺淮期间江苏北部海岸快速淤长

黄河由苏北入海的最早记载是西汉元光三年(公元前 132 年),曾夺淮入海 42 年。北宋时期,黄河每隔数十年夺淮一次,但历时不长,对苏北海岸的影响较小。从南宋建炎二年(1128 年)后,黄河南流时间渐长。公元 1494 年阳武决口后,大部分河水经泗水入淮,南流不再断绝直至 1855 年黄河北归。

12 世纪黄河开始夺淮时,淮河口在云梯关附近,是一宽阔的三角港,河口最宽处可达 15 km,潮区界在盱眙以上。在黄河南北分流的三百多年间(1128—1494 年),南流部分通过颖、淝、涡、浍、濉、泗等支流入淮,大部分泥沙沿途堆积,河口海岸淤长缓慢,苏北海岸处于由砂质堡岛海岸向开敞淤泥质海岸过渡的阶段。公元 1494 年黄河全流夺淮后,径流量和输沙量骤增,且淮河中上游洼地已在南北分流期间逐渐淤高,大量泥沙入海堆积,苏北海岸开始迅速淤长。其中河口向海延伸的速度更是高达每年数百米,到 1855 年黄河北归时,河口共延伸 100 多 km 到今废黄河口外约 28 km 处(图 4-3,表 4-1)。海岸类型已由黄河夺淮前的砂质堡岛海岸转变为广阔的淤泥质海岸。

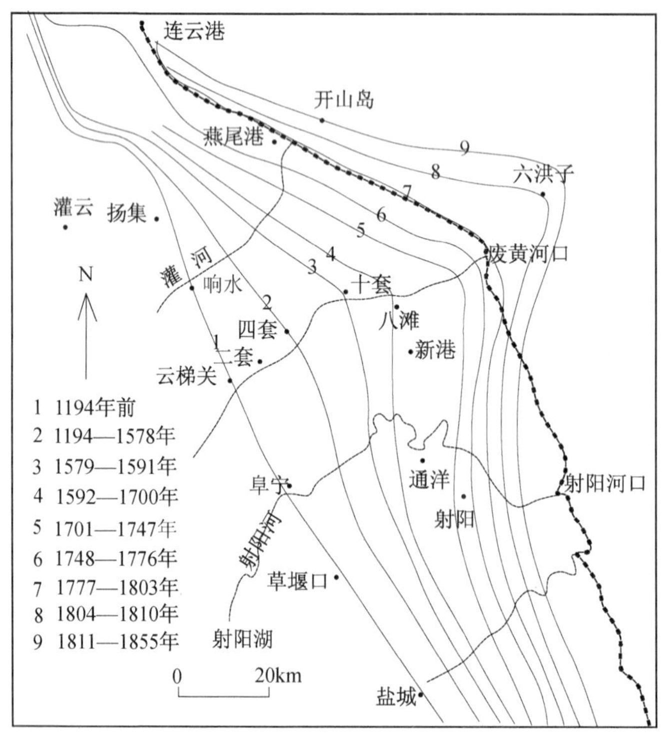

图 4-3 废黄河三角洲不同时期发育过程示意图[59]

黄河夺淮期间，除河口迅速淤进外，入海泥沙在海洋动力作用下向南北两侧输运堆积，进而形成范公堤以东的滨海平原和水下沙脊。1494 年黄河全流夺淮后，由于三角洲海岸逐渐向海突出和泥沙搬运堆积的滞后效应，入海泥沙越来越多地向两侧相对凹入岸段扩散，滨海平原的成陆速度进一步加快，甚至在黄河北归后依然保持相当快的造陆速度[55]（表 4-2）。

表 4-1 废黄河口的延伸速度

年代	河口位置	时间间隔(a)	延伸距离(km)	延伸速度(m/a)
1128 年前	云梯关	——	——	——
1128—1578	云梯关—四套	451	15	33
1579—1591	四套—十套	13	20	1538
1592—1700	十套—八滩	109	13	119
1701—1747	八滩—七巨港	47	15	319
1748—1776	七巨港—新淤尖	29	5.5	190
1777—1803	新淤尖—南北尖	27	3	111
1804—1810	南北尖—六洪子	7	3.5	500
1811—1855	六洪子—望海墩	45	14	311
1128—1855	云梯关—望海墩	728	89	122

表 4-2 苏北滨海平原的成陆速率

年代	1207—1554	1554—1660	1660—1746	1746—1855	1855—1895	1895—1981
造陆面积(km^2)	1 400	880	870	1 350	410	740
造陆速率(km^2/a)	2.7	8.3	10.1	12.4	10.3	8.6

4.2 黄河北归后岸线变迁和水下三角洲侵蚀过程

1855 年铜瓦厢决口，黄河尾闾北归，江苏海岸大量泥沙来源断绝，动力泥沙平衡发生骤变，海岸从此进入一个新的调整阶段。

4.2.1 河口迅速后退

关于废黄河三角洲的范围问题，众说纷纭，结合有关文献从三角洲的地貌结构和沉积物质分析来看，陆上三角洲的定点为淮阴市杨庄，北达临洪口、南至斗龙港。1578 年潘季驯和 1611 年靳辅大举修筑大堤，河口延伸迅速，三角洲顶点下移至二套，范围缩小，形成了北至灌河口，南至射阳河口的废黄河口水下三角洲，陆上三角洲的沉积物厚度不超过 20 m，在射阳河口和灌河口之间淤积厚度约 3～5 m，平均厚度为 9 m 左右。柱状岩芯和浅层底层剖面研究表明：废黄河水下三角洲的最大范围如图 4-4 所示，北面和东面大致在水深 30～40 m 等深线，南翼现已被苏北辐射沙脊群所覆盖，坐标南起 N 33°05′，北至 N 34°50′，西起 E 120°30′，东抵达 E 122°30′，水下三角洲的厚度不超过 3 m，平均厚度约 2 m 左右[60]。

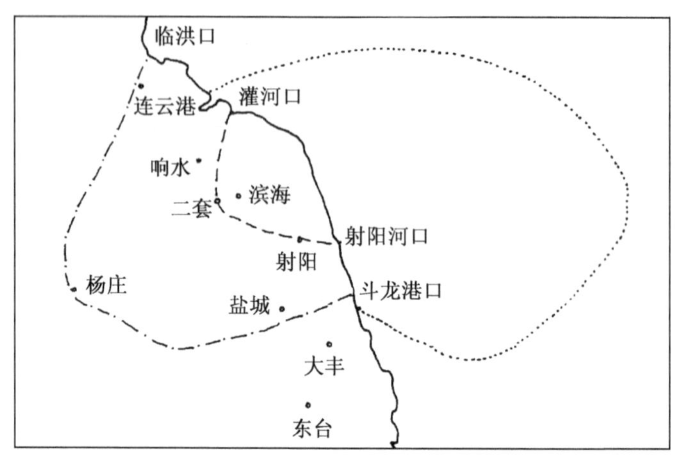

图 4-4　废黄河三角洲分布(改自文献[60])

黄河夺淮期间河口迅速淤进使废黄河口附近岸段比两侧向海突出数十千米，在强大波浪和潮流动力作用下，大量泥沙向三角洲两侧海岸和岸外运移，黄河夺淮后期河口淤进速度已明显趋缓(图 4-5)。

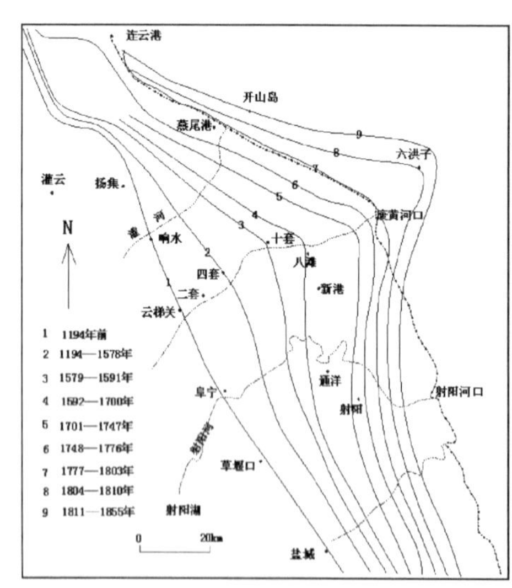

图 4-5　黄河夺淮期间的苏北黄河三角洲海岸的岸线变迁

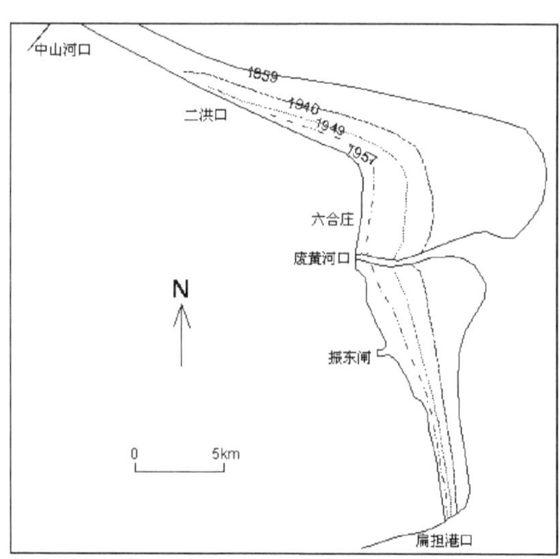

图 4-6　黄河北归以来苏北废黄河三角洲海岸的岸线变迁

黄河北归后，海洋动力所搬运的泥沙源迅速由黄河直接供沙转变为侵蚀原有泥沙，河口开始以超过 1 km/a 的速度侵蚀后退，20 世纪初，后退速度依然可达 300 m/a。此后，随着岸线突出程度的趋缓，受侵蚀海岸物质也逐渐由河口附近的松散堆积物转变为已逐渐压实的老河口三角洲沉积物，海岸的蚀退速度逐渐减缓。到 1960 年代，后退速度已不到 100 m/a。其后，因大规模海岸防护工程的实施，岸线后退基本得到控制(图 4-6)。

据江苏省海岸带调查资料，1855—1890 年间，河口段岸线平均每年后退 300～400 m。其中北侧岸线冲刷后退了约 10 km，平均每年后退 300 m 左右；南侧岸线后退了 14 km 左右，平均每年后退约 400 m；由于河口区侵蚀的泥沙向南侧海区输送，南侧海岸相应淤长，射阳河口段 35 年间淤长了 10 km。1890—1921 年间，海岸侵蚀后退速率开始降低，河口段平均每年后退 200～250 m，其中河口北侧约为 250 m/a，南侧约为 200 m/a。河口北侧至新淮河口间海岸年后退率约为 140 m/a，河口南侧至扁担河口间海岸后退率为 135 m/a。1921—1958 年河口段海岸侵蚀强度继续减弱，年后退速率 75～80 m/a。1958—1971 年间河口段海岸的侵蚀强度进一步趋弱，每年平均后退仅 70 m[61]。

4.2.2　废黄河水下三角洲的夷平

清雍正二年(公元 1724 年)陈伦炯的《沿海全图》(见图 4-7)，道光六年(公元 1826 年)陶澍所撰《江苏海运图》(见图 4-8)及目前有关江苏岸外沙洲最

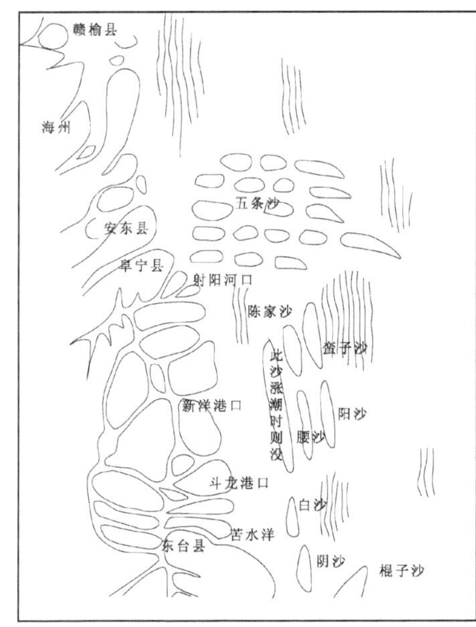

图 4-7　清雍正年间苏北海岸略图
(据陈伦炯《沿海全图》)

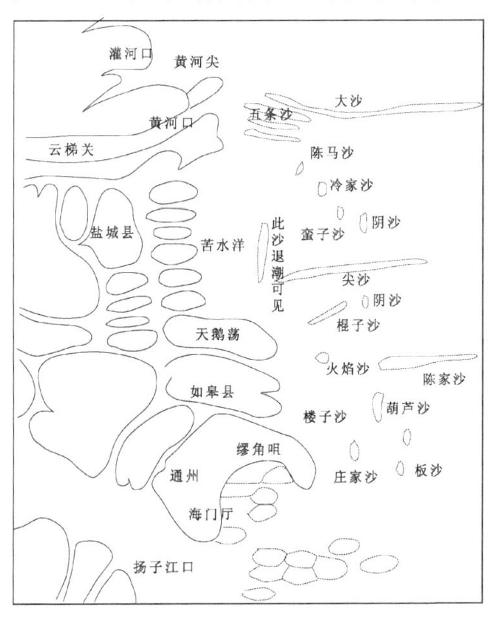

图 4-8　清道光年间苏北沿海略图
(据陶澍《江苏海运图》)

早的外版海图(1872 年，如图 4-9 所示)记载，苏北黄河口外分布大片浅滩，在灌河口与双洋河口之间发育了与入海线路方向一致的河口指状沙嘴——五条沙，五条沙外面又接有一道大沙，大沙是黄河口外沙洲水下延伸部分，大致成东西延伸，沙体狭长，尾部向东北伸展极远，且局部已淤出水面。由此可以看出废黄河水下三角洲的大致轮廓。

公元 1855 年黄河入海口北徙山东入渤海以后，水下三角洲在潮流和波浪作用下渐渐被侵蚀夷平，发生大面积的冲蚀。根据历史上仅存的不同时期，不同版本的中外海图资料及若干文字记载，经过对比分析发现，1855 年黄河北徙后，本区水下三角洲的冲蚀过程，是从水下三角洲前缘斜坡开始，由海向岸，由北而南，以－10 m 水深线为代表的水下三角洲前缘斜坡内移为标志的侧向侵蚀过程为主，水下三角洲顶部平原面的刷低则起到加速斜坡内移的作用。

对比清雍正二年年(公元 1724 年)陈伦炯的《沿海全图》，道光六年(公元 1826 年)陶澍的《江苏海运图》可以看出：黄河口外五条沙比其南侧诸片沙洲的分布向东更远。在《沿海全图》中，五条沙中心长位置正对黄河口，分布在灌河口和双洋口之间，分五条狭长的沙带，东西方向延伸，几乎每条沙又分为三到五段，反映了黄河水量减少时潮流的改造作用；在《江苏海运图》中，五条沙范围扩大，其中正对黄河口的一条向海延伸极远，形成大沙。可见在黄河北归前，五条沙继续延伸，随着泥沙堆积量的增加而越伸越远。

对比不同历史时期的海图可以粗略得到水下三角洲的夷平过程，1904 年英版海图(图 4-10)显示：经近 50 年的侵蚀后，废黄河三角洲虽仍保持着完整的水下三角洲形态，－10 m 等深线距岸还有 120 km 左右，－10 m 以浅的三角洲前缘仍保留着五条沙，－10 m 以浅的水下三角洲平原顶部五条沙低潮出露或接近出露的部分在距岸 30～60 km 范围内，五条沙的排列依然有序。但五条沙的位置已较清雍正陈伦炯《沿海全图》和清道光陶澍《江苏海运图》所示明显内移，且上述两图中原五条沙外侧的大沙已不复存在，同时在其南侧出现新的一片大沙洲。这表明黄河北归后水下三角洲侵蚀下来的泥沙多向南运移沉积，从而在南侧的浅水区形成大沙。可见，黄河北归后的前半个世纪，水下三角洲遭受了强烈的侵蚀，虽仍保持着三角洲形态，但范围已大大缩小，侵蚀的泥沙很大一部分向南侧浅水区运移堆积。反映了在黄河改道后的初期阶段，海洋动力对水下三角洲的破坏作用尚未明显地反映出来。

随着岸线的后退和岸外沙洲的侵蚀，水下三角洲逐渐暴露在开敞的海洋动力环境下，水下三角洲的侵蚀进一步加剧。在 20 世纪 30 年代英版海图及 1937

图 4-9　黄河北归前苏、浙、沪沿海地形图（1872 年德版海图）

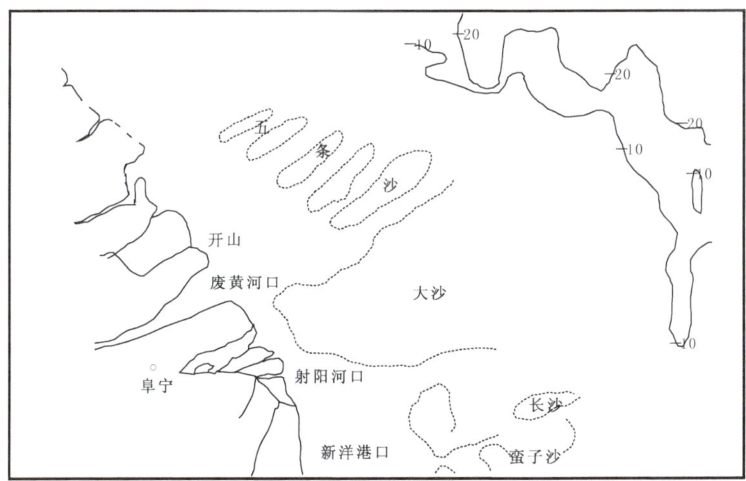

图 4-10　20 世纪初苏北海岸略图（据 1904 年英版海图）

年日版海图显示，水下三角洲形态发生了明显的变化，－10 m 水深线向岸方向移动了 40～50 km 左右，距岸距离仅仅 20 km 左右，水深线走向逐渐和潮流主轴方向一致。除套子口以北的－10 m 以浅的水下三角洲平面得以保持外，自套子口以南水下三角洲南部产生大面积水深超过－10 m 的深水区。五条沙和大沙等沙脊群随着水下三角洲的大面积冲蚀而夷平、消失，原范围成为水深约 12～14 m 的平坦的深水区。－10 m 等深线距岸仅 20 km 左右，河口区的水下三角洲被大面积冲刷。可见 20 世纪初的 30 余年是水下三角洲遭受相当强烈侵蚀的阶段，其南侧已基本夷平。说明在此期间水下三角洲－5～－10 m 间水下斜坡的侧面侵蚀十分强烈。

此后，据 1960—1965 年间测量的海图反映出水下三角洲冲刷过程的持续进行，除新淮河口与燕尾港之间仍残留着水下三角洲北部部分外，其余部分已侵蚀殆尽。水下三角洲南部－10 m 水深线仍进一步向岸方向内移，距岸最近距离约 7.5 km，平均 12 km，表明水下三角洲经过 20 世纪初的强烈侵蚀后，已不具备水下三角洲形态。

1980 年测量的海图则反映，－10 m 水深线在水下三角洲南侧仍以较缓慢速度向岸移动，比 20 世纪 60 年代内移了 4 km 左右，年均内移 200 m，但在－10～－20 m 间的深水区内，－15 m 线有明显向岸移动趋势，以岸线凸出处最为明显，反映深水区水深仍在刷深之中；在水下三角洲北侧则表现为－10 m 线冲刷槽的进一步发展，切穿了－10 m 以浅的三角洲北部平原，－10 m 以深的深槽得到贯通，使水下三角洲北部－10 m 以浅的平原顶部呈岛式残留分布，使灌河口至套子口之间的水深呈加深趋势。

根据 1994 年 1 月水下地形测量，除新淮河口以北－10 m 线离岸约 8 km 且此处仍保留大片浅滩外，其余岸段－10 m 已基本顺直，一般距岸 2～7 km，最近处仅 2.25 km，即 1965—1994 年间－10 m 线平均内移约 7.0 km，平均每年内移约 240 m。说明经一个多世纪的侵蚀，水下三角洲前缘基本被夷平后，－10.0 m 等深线内移的速度也进一步趋缓。

据现代测量资料，现在－15 m 等深线距岸 4.0 km，－10 m 等深线距岸 2.0 km，－5 m 等深线距岸 1.0 km。－15～－17 m 等深线间的海底平原基本稳定，而－15 m等深线以前的海床仍处于活跃的下蚀夷平状态(图 4-11)。

4.2.3 岸线形态趋向平直

黄河北归后三角洲岸线的侵蚀后退是黄河夺淮期间三角洲的形成和发展

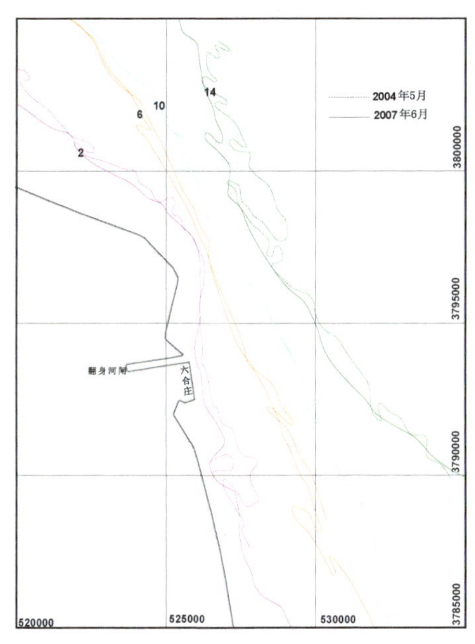

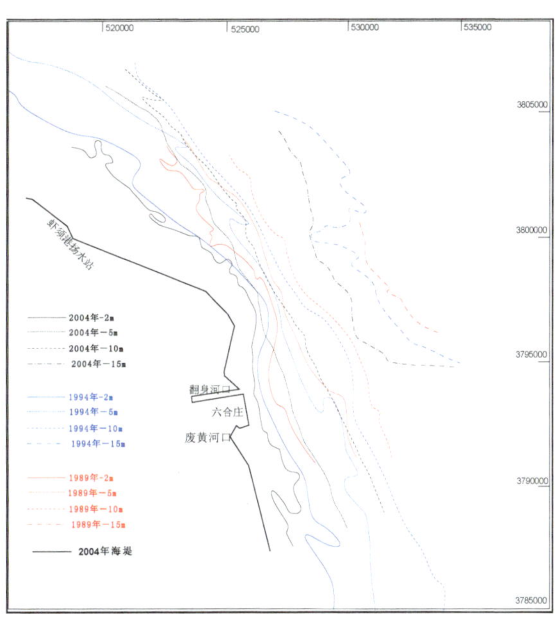

图 4-11　1989 年、2004 年 5 月、2007 年 6 月废黄河三角洲海域 2 m、6 m、10 m、14 m 等深线对比

的逆向过程，侵蚀强度的空间表现为突出岸段强于两侧岸段，致使岸线逐渐趋直，三角洲两侧岸线的夹角（以废黄河尖部为顶点的岸线陆侧夹角）增大，岸线长度缩短（图 4-6，表 4-3）。

1855 年黄河北归初期，废黄河尖两侧岸线近似垂直，中山河口到扁担港口之间的距离约 53 km，经一个世纪的强烈侵蚀，1957 年岸线的夹角已增大到 129°，该岸段的岸线长度减小为 41.5 km，越来越接近中山河口与扁担港口的直线距离（36 km）。之后随着海岸防护工程的实施和岸线后退的速度的降低，这种变化趋势也逐渐减缓，1957—2004 年的近半个世纪中，不管是岸线长度还是夹角均变化很小（表 4-3）。

表 4-3　黄河北归后废黄河三角洲岸线长度与夹角变化

年代(年)	1855	1940	1949	1957	2004
岸线夹角(°)	89.8	112.7	119.5	128.7	132.4
岸线长度(km)	52.7	45.0	43.3	41.5	40.9

注：岸线长度指中山河口到扁担港口之间的岸段，岸线夹角指废黄河口两侧岸线的内夹角。

水下三角洲的侵蚀形态变化与岸线变形有所不同，1980 年代的海图显示，除三角洲北翼部分浅滩还残留外，水下三角洲已基本被夷平，－10 m 等深线已基本平直（图 4-11），其后的侵蚀主要表现为－10 m 岸坡整体内移。

4.3 废黄河水下三角洲侵蚀下限及侵蚀平衡剖面

废黄河三角洲海域地质钻孔的沉积相分析与^{14}C年代测定，发现海床沉积物在－15 m左右存在明显的沉积界面(图4-12)，其上部为三角洲相沉积，组成物质为粉沙和黏土质粉沙；下部为形成于距今5 000年以前的海相沉积，沉积物为棕褐色、灰色的黏土或黏土质粉沙，且容重明显较大。判明废黄河三角洲的沉积底界大致在－15 m左右。另由波浪冲刷临界水深和泥沙移动界限水深计

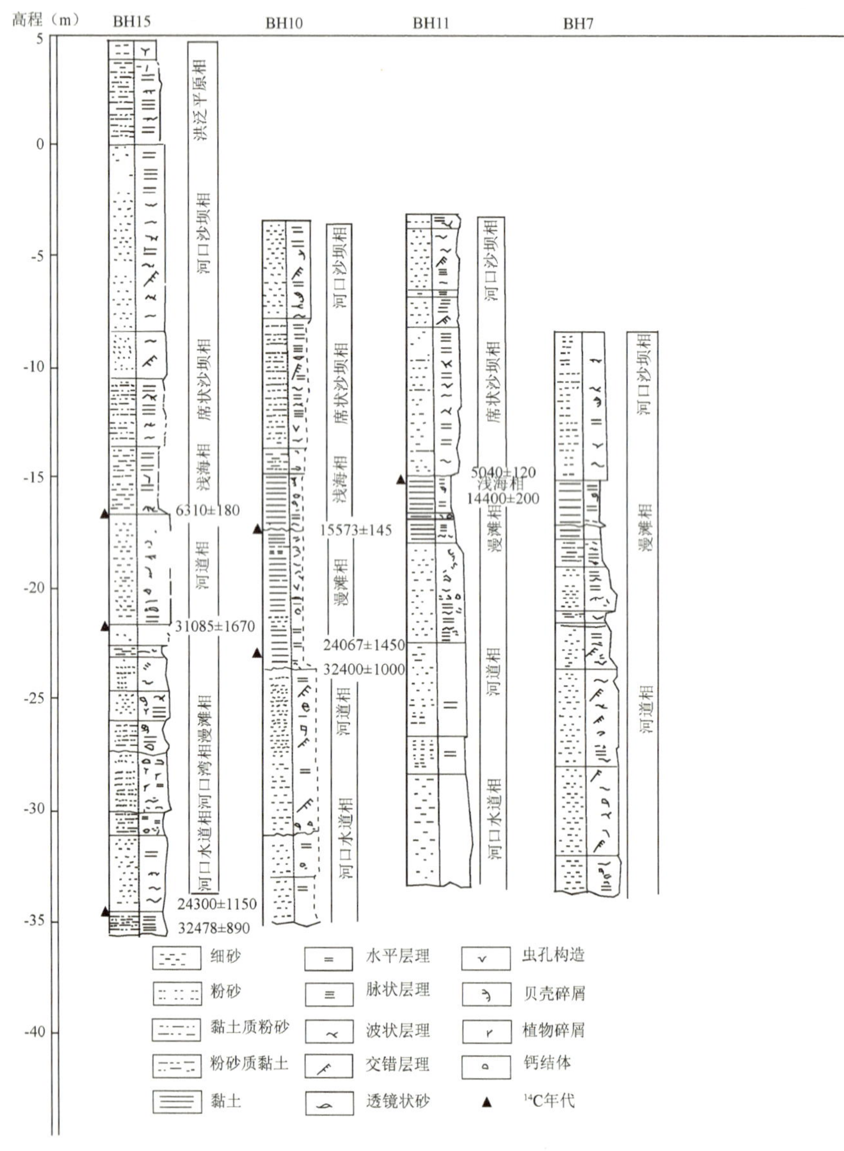

图4-12 废黄河三角洲近岸海域的海床沉积相与沉积年代

算，在海岸侵蚀的控制性动力作用下，目前海床表层泥沙的起动水深也在 15 m 左右，即海岸侵蚀主导动力对海床泥沙的扰动只及－15 m。再由一个多世纪以来海岸侵蚀形成的海床地形特征分析，目前该海域－15 m 以深的海床极为平坦，平均坡度万分之一左右，而－15 m 以浅水下岸坡最大坡度可达 1%。

废黄河三角洲岸滩侵蚀演化预测模型计算结果显示，在波流共同作用下，水下岸坡不断刷深，－2～－10 m 之间的岸坡冲刷强度较大，尤以－5 m 附近的冲刷最为强烈，岸坡剖面不断变陡。计算预测的平衡剖面中，常年破波带与侵蚀下限(－15 m)之间稳定的水下岸坡坡度为 1∶85 左右(图 4-13)。与侵蚀平衡剖面形态相比较，2007 年 6 月实测的废黄河三角洲向海凸出岸段－5～－10 m 之间局部岸坡的最大坡度已大于 1∶100，反映前期水下岸坡侵蚀最强烈的局部地段已较接近平衡[62-64]。研究成果揭示：虽然当前该海域水下岸坡仍呈进一步冲刷的趋势，冲刷相对较强的依然在－2～－10 m 之间的岸坡，但可能产生冲蚀的幅度已十分有限。

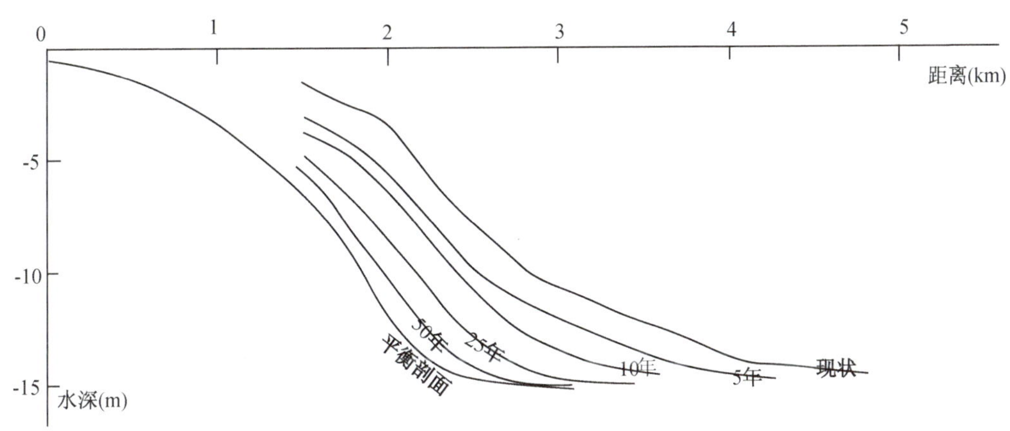

图 4-13　废黄河三角洲岸滩剖面侵蚀发展过程的计算预测(改自文献[60])

4.4　黄河北归后几个关键时期废黄河口地形的恢复

黄河夺淮入黄海期间三角洲顶端岸线向海淤进约 90 km，同时也发育了向海延伸上百千米水深小于 15 m 的水下三角洲。黄河北归后岸线快速后退的同时，水下三角洲至今已侵蚀殆尽，目前－15 m 等深线距岸最近处仅约 4 km，水下岸坡的坡度和剖面形态均发生了显著的变化。这种水下地形的巨大变化对潮波系统的影响同样值得关注。然而由于缺少历史时期实测水下地形资料，1855 年的水下三角洲沉积物大部分已被侵蚀，因此通过间接手段恢复不同时期苏北黄河三角洲海岸的水下地形成为本项工作中需要解决的关键问题之一。

19 世纪末及 20 世纪初、中期的中、外版海图为黄河北归后的三角洲岸线及水下地形提供了基本的轮廓。再则，苏北黄河三角洲和现代黄河三角洲均由黄河供沙形成，在三角洲形成期间的泥沙物质组成和平均输沙量比较接近，三角洲岸外均为开敞的浅海陆架，河口附近海域均受旋转潮波控制且河口均有指向旋转潮波无潮点的趋向。1855 年以来现代黄河三角洲与 1494 年黄河全流夺淮初期苏北黄河三角洲相比较，两个三角洲岸线淤进过程中水下岸坡坡度特征应当比较接近。因此可通过与现代黄河三角洲水下地形特征的类比，再结合苏北黄河三角洲淤进过程中的岸线概况以及现有的近岸和陆地钻孔沉积特征分析，大致恢复苏北黄河三角洲海岸淤进过程中的岸滩和水下岸坡坡度。

20 世纪 60 年代和 80 年代的海图提供了该时期详细的水下地形。20 世纪 80 年代以来的苏北黄河三角洲海岸工程也积累了该海岸多次不同区域的实测地形图。这一切使大致恢复黄河夺淮期间和北归以来不同阶段的岸线形态和水下地形特征成为可能。

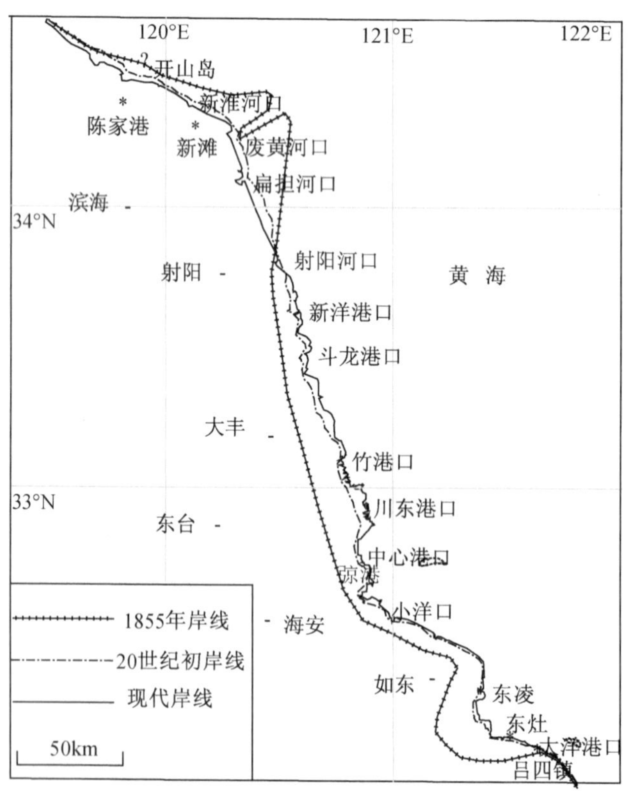

图 4-14　不同时期江苏海岸的岸线

鉴于以上江苏海岸地貌演变的分析，我们把江苏海岸演变分成以下四个主要时期：①废黄河三角洲发育时期（1885 年以前）；②三角洲的侵蚀南移期（1855—1904 年）；③水下三角洲快速侵蚀夷平期（1904 年至 20 世纪 30 年代）；④ 等深线整体内移期（20 世纪 30 年代至 2007 年）。根据文献[61－64]，分别确定这 4 个时期的岸线位置（图 4-14）。在计算不同历史时期古海岸的潮流场时，还需确定古水深，即古地形。下文根据近代和现代中、西方各国海图来分析并参考现代黄河水下地形特征来分析及恢复百余年来废黄河三角洲附近的地形特征。

4.4.1　三角洲发育期（1125—1855 年）的岸线及地形

黄河北归前河口地区突出岸段的岸线在目前岸线以外 20 余 km。根据地貌学原理，大河河口陆上部分发育三角洲，必然有水下三角洲与之对应，而且其面积往往超过三角洲的陆上部分。柱状岩芯和浅层底层剖面研究表明：废黄河水下三角洲的最大范围北面和东面大致在水深 30～40 m 等深线，南翼现已被苏北辐射沙脊群所覆盖，坐标南起 N 33°05′，北至 N 34°50′，西起 E 120°30′，东抵达 E 122°30′，水下三角洲的厚度不超过 3 m，平均厚度约 2 m 左右[64]。不同时期的水下地形特征可以参考不同时期的海图及古文的零星记载。对于三角洲范围内的水深数据，1855 年前古水深根据 1872 年德版海图、陈伦炯《沿海全图》、陶澍《江苏海运图》，并参考现代黄河三角洲的坡度进行恢复（图 4-15、图 4-16）。

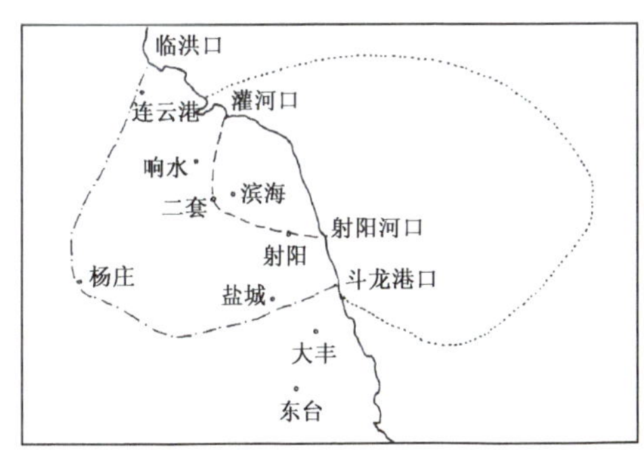

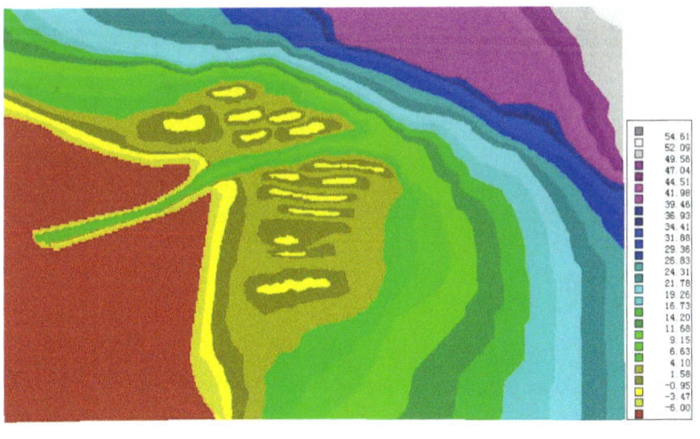

图 4-15　废黄河三角洲水下岸坡略图（据 1872 年德版海图）

4.4.2　三角洲侵蚀南翼期岸线及地形（1855—1904 年）

五条沙中心长位置正对黄河口，分布在灌河口和双洋口之间，分五条狭长的沙带，东西方向延伸，几乎每条沙又分为三到五段，其中正对黄河口的一条向

图 4-16　现代黄河口的遥感影像图

海延伸极远，形成大沙。在 20 世纪初出版的英版海图(公元 1904 年)中可以看出黄河入海口北徙后，本区在经历近半个多世纪的侵蚀后的概况：除南侧－10 m 水深线逐渐向南北方向超直外，仍基本上保持了水下三角洲较为完整的形态特征，－10 m 以浅的水下三角洲平原顶部五条沙低潮出露或接近出露的部分在距岸 30～60 km 范围内，五条沙的排列依然有序，反映了在黄河改道后的初期阶段，海洋动力对水下三角洲的破坏作用尚未明显地反映出来。同时，朱正元在《江苏沿海图说》中亦记载"大海中有大沙、五条沙"，但其外侧东向延伸的大沙已不复存在，相反，在五条沙的南侧出现了一片大沙，反映了被侵蚀下来的泥沙大部分向南运移，在南侧浅水下堆积。经过 50 多年的侵蚀后，废黄河三角洲虽仍保持着完整的水下三角洲形态，但－10 m 等深线距岸还有 120 km 左右，－10 m以浅的三角洲前缘仍保留着五条沙，－10 m 以浅的水下三角洲平原顶部五条沙低潮出露或接近出露的部分在距岸 30～60 km 范围内，五条沙的排列依然有序(图 4-17)。

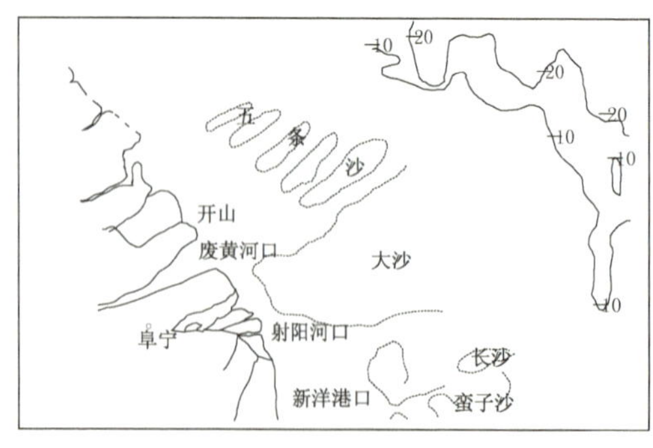

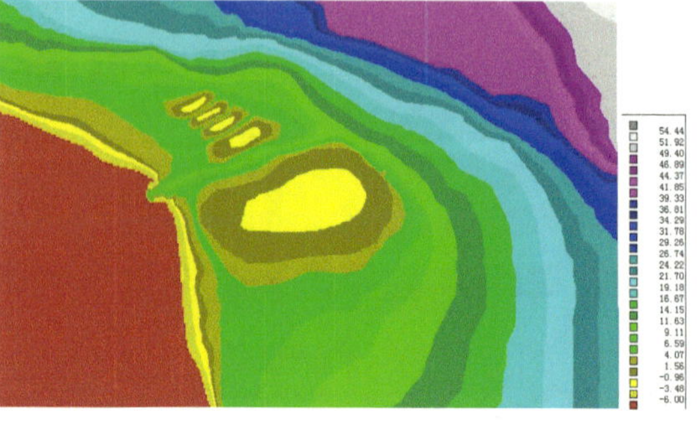

图 4-17　废黄河三角洲水下岸坡略图(1904 年英版海图)

4.4.3　水下三角洲快速侵蚀夷平期(1904 年至 20 世纪 30 年代)

随着岸线的后退和岸外沙洲的侵蚀,水下三角洲逐渐暴露在开敞的海洋动力环境下,水下三角洲的侵蚀进一步加剧。据 20 世纪 30 年代日版海图显示,图 4-18 中所标的五条沙所在区域已成为水深 12～14 m 的平缓水下岸坡,五条沙已基本夷平,－10 m 等深线距岸仅 20 km 左右,河口区的水下三角洲被大面积冲刷。可见 20 世纪初的 30 余年是水下三角洲遭受侵蚀相当强烈的阶段,其南侧已基本夷平。

1960 年海图显示,除新淮河口与燕尾港之间仍残留着水下三角洲北部部分外,其余部分已侵蚀殆尽,－10 m 等深线延伸方向已趋顺直,距岸平均 12 km 左右,最近处约 7.5 km。表明水下三角洲经过 20 世纪初的强烈侵蚀后,已不具备水下完整三角洲形态。1937—1965 年间,－10 m 等深线仅向岸移动约 8 km,平均每年内移 285 m 左右,水下三角洲的侵蚀强度趋向缓和。说明经一个多世纪的侵蚀,水下三角洲前缘基本被夷平后,－10 m 等深线内移的速度也进一步趋缓。

20 世纪初的古地形参考 20 世纪 30 年代日版海图。范围之外水深采用现代水深,从百万分之一海图上读取。

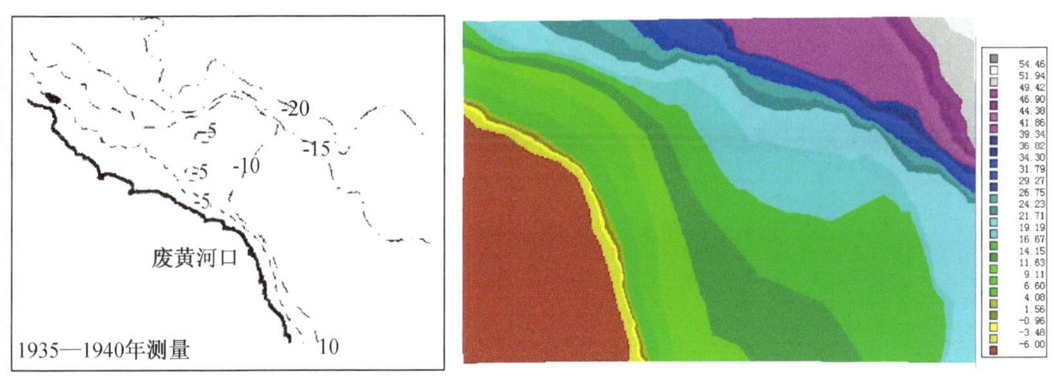

图 4-18　20 世纪 30 年代废黄河三角洲水下岸坡略图(据 1935 年日版海图)

4.4.4　等深线整体内移期(20 世纪 30 年代至 21 世纪初)

根据 1994 年 1 月水下地形测量,除新淮河口以北－10 m 线离岸约 8 km 且此处仍保留大片浅滩外,其余岸段－10 m 已基本顺直,一般距岸 2～7 km,最近处仅 2.25 km,即 1965—1994 年间－10 m 线平均内移约 7 km。说明经一个多世纪的侵蚀，水下三角洲前缘基本被夷平后，－10 m 等深线内移的速度也进一步趋缓。

据 2007 年测量资料，现在－15 m 等深线距岸 4.0 km，－10 m 等深线距岸 2.0 km，－5 m 等深线距岸 1.0 km。－15～－17 m 等深线间的海底平原基本稳定，而－15 m 等深线以前的海床仍处于活跃的下蚀夷平状态（图 4-19）。目前，除废黄河尖岸线侵蚀后退较剧烈之外，南北两侧岸线已基本稳定。

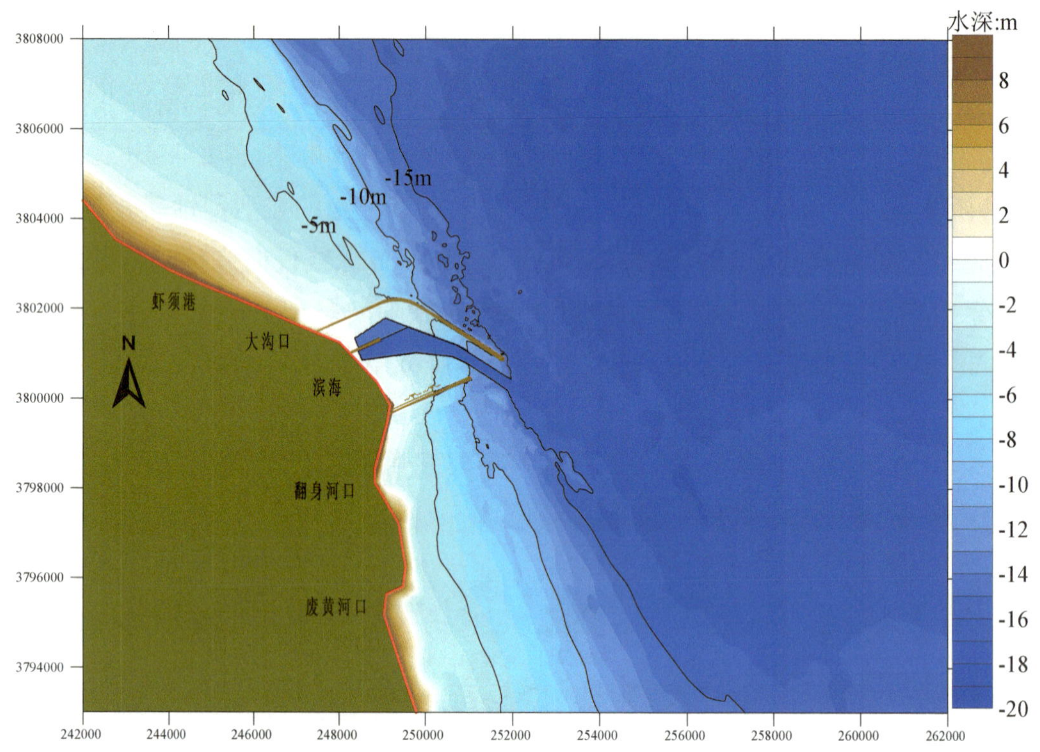

图 4-19　废黄河三角洲水下地形图（据 2007 年 1∶2 000 实测地形图）

4.5　黄河北归后岸线变迁和水下三角洲侵蚀对南黄海潮波系统的影响

恢复历史时期苏北黄河三角洲岸线及水下地形后，通过上述东中国海潮波模型与苏北黄河三角洲海岸局部潮流模型，在不同时期岸线和地形条件下的系列模拟计算，研究历史时期苏北黄河三角洲海岸演变过程中，南黄海旋转潮波的变化，主要包括如下表征南黄海旋转潮波特征的潮汐潮流要素：流场的变化、无潮点位置、最大可能潮位变化、分潮振幅分布等。

4.5.1 数学模型的建立与验证

针对辐射沙脊潮汐潮流系统复杂的特点，数学模型采用大、小尺度嵌套的方式来实现工程海域潮流场模拟（图 4-20）。首先建立了东中国海潮波数学模型[29]，模型区域为东经 117°～131°、北纬 24°～41°，计算范围包括渤海、黄海和东海，通过此模型模拟 M_2、S_2、K_1、O_1、N_2、K_2、P_1、Q_1 八个分潮的潮波运动。在大尺度潮波模拟基础上，又建立了整个南黄海海域潮流数学模型。模型范围从山东靖海角到浙江台州海域附近。

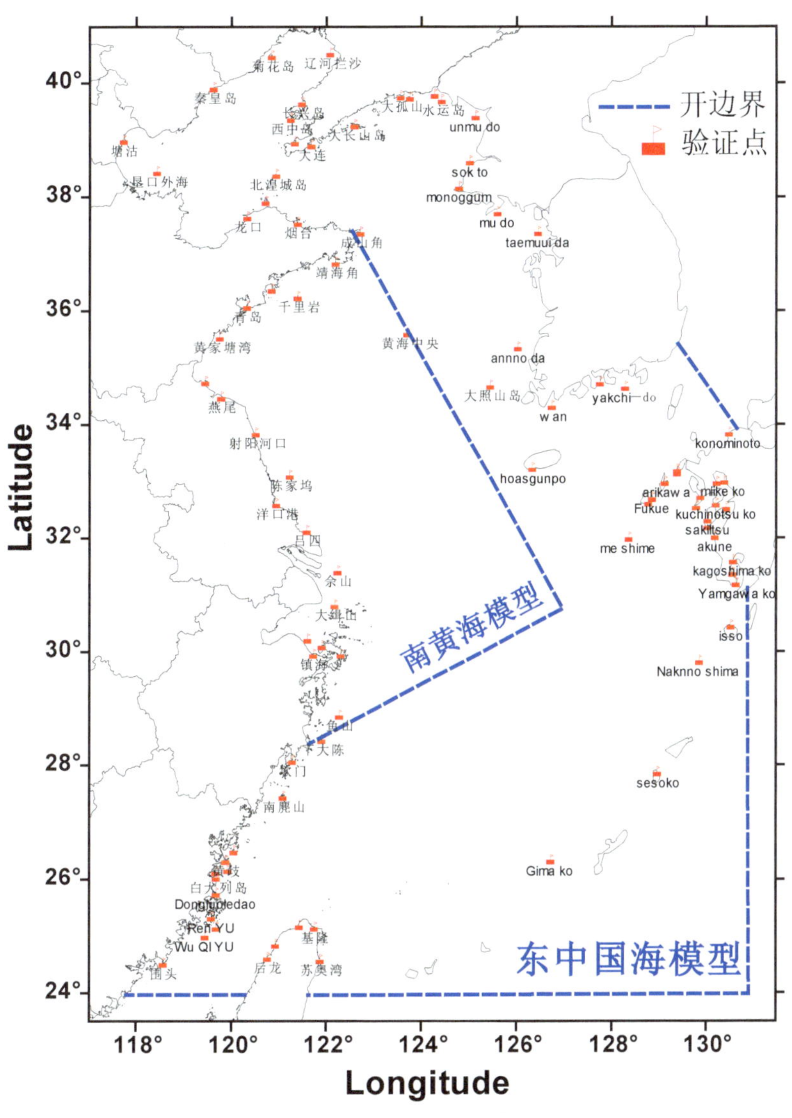

图 4-20 东中国海模型范围及南黄海数学模型范围

(1) 东中国海潮波数学模型建立与验证

黄海是一个半封闭的陆架浅海，其西、北侧为中国大陆，东侧为朝鲜半岛，西北与东南分别与渤海、东海相通。为了准确模拟潮波在朝鲜半岛、山东半岛和江苏岸线边界下传播及其在南黄海辐聚的特征，先进行了东中国海潮波数学模型计算，该模型的计算范围包括了台湾海峡、东海、黄海和渤海，大洋潮波开边界取在琉球群岛和台湾海峡(图 4-20)。

数学模型采用球面坐标下的二维潮波传播方程：

① 控制方程

$$\frac{1}{a\cos\varphi}\left[\frac{\partial}{\partial\lambda}(UD)+\frac{\partial}{\partial\varphi}(VD\cos\varphi)\right]+\frac{\partial\zeta}{\partial t}=0 \tag{4-1}$$

$$\frac{\partial U}{\partial t}+\frac{U}{a\cos\varphi}\frac{\partial U}{\partial\lambda}+\frac{V}{a}\frac{\partial U}{\partial\varphi}-\frac{UV}{a}tg\varphi=fV-\frac{g}{a\cos\varphi}\frac{\partial}{\partial\lambda}(\zeta-\bar{\zeta})$$
$$+\frac{A_H}{a^2\cos\varphi}\left[\frac{1}{\cos\varphi}\frac{\partial^2 U}{\partial\lambda^2}+\frac{\partial}{\partial\varphi}\left(\cos\varphi\frac{\partial U}{\partial\varphi}\right)\right]-\frac{k_b}{D}\sqrt{U^2+V^2}U \tag{4-2}$$

$$\frac{\partial V}{\partial t}+\frac{U}{a\cos\varphi}\frac{\partial V}{\partial\lambda}+\frac{V}{a}\frac{\partial V}{\partial\varphi}-\frac{U^2}{a}tg\varphi=-fU-\frac{g}{a}\frac{\partial}{\partial\varphi}(\zeta-\bar{\zeta})$$
$$+\frac{A_H}{a^2\cos\varphi}\left[\frac{1}{\cos\varphi}\frac{\partial^2 V}{\partial\lambda^2}+\frac{\partial}{\partial\varphi}\left(\cos\varphi\frac{\partial V}{\partial\varphi}\right)\right]-\frac{k_b}{D}\sqrt{U^2+V^2}V \tag{4-3}$$

式中：t 是时间；λ 表示东经，φ 表示北纬；U、V 分别为沿水深平均的潮流速在 λ、φ 方向上的分量；$D=h+\zeta$ 为总水深，h 为静水深，ζ 为相对于静海面的波动值；f 为科氏力分量，$f=2\omega\sin\varphi$，ω 为地球自转角速度；a 为地球平均半径，g 为重力加速度，A_H 为平均涡黏系数，可视为常量；k_b 为运动阻力系数 $k=g/C^2$，$C=D^{1/6}/n$，C 为谢才系数，n 为曼宁系数；$\bar{\zeta}$ 为因引潮力引起的海面变化值，即平衡潮潮高。

② 定解和边界条件

大模型定解条件包括初始条件和边界条件，初始条件，由于潮波运动是一种摩阻运动，故采用冷启动，即潮位为 0 或常数，流速为 0，由此产生的误差在计算过程中会自行消除。边界条件分开边界和闭边界。开边界即水-水界面，闭边界为水-陆界面。闭边界一般满足流体不可入条件，即：

$$\vec{U}_H\cdot\vec{n}=0$$

式中：$\vec{U}_H=(\vec{U}_\lambda,\vec{U}_\phi)$为水平流速矢量，$\vec{n}$为边界法向开边界给定潮位过程线，潮位过程线由潮汐调和常数按以下形式给定：

$$\xi=\sum_{i=1}^{8}H_i\cos(\sigma_i t-\theta_i)$$

式中：H_i、σ_i、θ_i分别为各自分潮的振幅、角频率和迟角。

大洋潮波的开边界采用复合潮波过程线控制。边界处给定八个主要分潮(M_2、S_2、N_2、K_2、K_1、O_1、Q_2、P_1)的调和常数。

③ 计算方法

采用《海岸与河口潮流泥沙模拟技术规程》(JTJ/T 231—2—2010)推荐的ADI法进行计算。ADI法为一种隐、显交替求解的有限差分格式，是对以上非恒定流偏微分方程进行数值求解的有效方法，即在建立差分方程时，将任一时刻的时步长Δt分为两个半时步长。在前半时步长内$\left[n\Delta t\rightarrow\left(n+\frac{1}{2}\right)\Delta t\right]$，将连续方程与$\xi$方向动量方程联合隐式求解$u$和$\zeta$；在后半时步长内$\left[\left(n+\frac{1}{2}\right)\Delta t\rightarrow(n+1)\Delta t\right]$，将连续方程与$\eta$方向动量方程联合隐式求解$v$和$\zeta$。

④ 模型验证

为了验证计算的精度，对英版《潮汐表》中本计算区域内91个验潮站的M_2、S_2、K_1、O_1四个分潮的调和常数进行了验证，同时对计算区域内12个点的流速进行调和常数对比。验证结果显示四个主要分潮的振幅绝对值误差分别为9.4 cm、2.5 cm、3.6 cm和4.0 cm，迟角绝对值平均误差分别为7.50°、6.52°、4.86°和9.4°；潮流的相位与验证资料基本一致，振幅符合潮流垂线分布结构(表4-4)。表明模型能够反映计算区域内潮波的基本特征。

对于二维水深平均的大范围潮波数值计算，潮流验证资料十分稀少。另一方面，由于水深地形的近似，潮流验证的衡量标准也难以确定。本文主要通过与《潮汐表》的潮流预报值进行比较，选取了靠近外海的9个流速预报站的2006年1月5日至15日共10 d预报极值潮流资料[65-66]，对同期计算结果进行比较，验证过程线见图4-21。从图中可以看出潮流的整体验证结果较好，渤海航线、大沙渔场和鱼外渔场最大流速偏小，但相位基本一致。显然对于整个大范围的潮波计算，潮流精度受到边界和地形误差，以及网格大小所制约。

表 4-4　东中国海模型 M_2、K_1 分潮调和常数比较

点号	站名	位置		M_2						K_1					
				振幅(cm)			迟角(°)			振幅(cm)			迟角(°)		
		东经(°)	北纬(°)	实测	计算	相差	实测	计算	相差	实测	计算	相差	实测	计算	相差
1	围头	118.57	24.52	192	177	15	325	372	−47	29	18	11	281	272	9
2	苏奥湾	121.87	24.58	44	46	−2	169	175	−6	18	15	3	225	235	−10
3	后龙	120.75	24.62	163	156	7	323	341	−18	20	22	−2	254	246	8
4	Hsin-chu	120.92	24.85	161	158	2	319	328	−19	24	22	1	257	247	10
5	Wu QI YU	119.45	25	213	203	10	340	350	−10	28	21	7	257	251	6
6	平潭	119.68	25.15	212	193	20	315	344	−29	32	22	11	252	242	10
7	基隆	121.75	25.15	20.2	22	−1	285	272	13	19	19	0	230	237	−7
8	淡水	121.43	25.18	100	101	−1	319	335	−16	20	22	−2	248	240	8
9	Dongluoledao	119.68	25.75	210	193	17	308	325	−17	30	24	6	234	245	−11
10	白犬列岛	119.68	26.03	210	196	14	298	316	−18	30	25	6	232	240	−6
11	Ren YU	119.58	25.33	206	205	2	318	336	−18	28	17	11	236	242	−6
12	马祖岛	119.92	26.17	230	220	10	293	308	−15	30	24	6	234	241	−7
13	Gima ko	126.73	26.33	56	56	0	172	180	−8	20	18	2	202	210	−8
14	闽江口	119.67	26.13	217	194	23	291	312	−21	30	25	6	244	243	1
15	黄歧	119.88	26.33	222	223	−1	296	305	−9	33	25	8	239	240	−1
16	西洋岛	120.05	26.5	210	200	10	290	297	−7	30	25	5	232	238	−6
17	sesoko	127.88	26.63	57	57	0	182	179	3	19	18	1	202	208	−6
18	南麂山	121.08	27.45	167	171	−4	265	257	8	29	26	3	217	231	−14
19	sanmura	128.97	27.87	52	54	−2	160	170	−10	21	18	3	196	200	−4
20	坎门	121.28	28.08	192	195	−3	265	301	−36	28	21	7	215	228	−13
21	下大陈	121.9	28.45	158	148	10	252	237	15	34	28	6	217	221	−4
22	鱼山	122.27	28.88	150	0	0	245	360	15	28	0	0	212	0	0
23	Naknno shima	129.85	29.83	58	60	−2	168	168	1	23	19	4	189	191	−2
24	镇海	121.72	29.95	74	104	−30	359	360	−1	30	34	−4	221	213	8
25	沈家门	122.3	29.95	118	91	27	267	265	3	29	29	1	208	202	6
26	西候门	121.9	30.1	110	104	7	298	375	−17	30	33	−3	211	212	−1
27	海王山	121.6	30.22	115	127	−12	352	360	−8	27	34	−7	205	211	−6
28	isso	130.52	30.45	65	60	5	172	167	5	24	18	6	192	184	8
29	大缉山	122.17	30.82	130	132	−2	288	285	3	30	25	5	192	190	2
30	Yamgawa ko	130.63	31.2	76	77	−1	174	168	6	25	24	1	190	178	12

续表

点号	站名	位置		M_2						K_1					
				振幅(cm)			迟角(°)			振幅(cm)			迟角(°)		
		东经(°)	北纬(°)	实测	计算	相差	实测	计算	相差	实测	计算	相差	实测	计算	相差
31	Kiire	130.55	31.38	76	84	−8	176	168	8	25	24	1	191	179	12
32	kagoshima ko	130.57	31.6	78	86	−8	176	168	8	25	25	0	192	191	1
33	佘山	122.23	31.42	114	142	−28	311	312	−1	25	26	−1	180	170	10
34	me shime	128.35	32	70	75	−5	203	203	1	32	23	9	229	228	1
35	akune	130.18	32.03	80	85	−5	193	191	3	25	25	0	196	194	2
36	吕四	121.58	32.13	175	170	5	356	7	11	21	17	4	152	152	0
37	sakiltsu	130.02	32.32	83	89	−6	196	193	3	24	26	−2	195	195	0
38	Ushibuke ka	130.02	32.2	85	88	−3	198	192	6	26	25	1	199	195	4
39	Yanagino seto	130.42	32.53	119	130	−11	223	215	8	28	29	−1	210	212	−2
40	kuchinotsu ko	130.2	32.6	103	101	2	232	209	23	27	29	−2	211	201	10
41	Kaba Shima sui	129.78	32.55	86	94	−8	201	199	2	25	26	−1	196	197	−1
42	洋口港	120.93	32.6	254	194	60	9	13	−5	21	14	7	123	122	2
43	Tomie wan	128.77	32.62	82	84	−2	204	202	2	25	25	0	195	199	−4
44	miike ko	130.38	33	153	168	−15	238	228	10	29	31	−2	213	201	12
45	Fukue	128.85	32.7	80	84	−4	215	201	14	24	25	−1	206	199	7
46	Nagasaki	129.87	32.73	78	76	2	202	200	2	23	22	1	194	196	2
47	arikawa	129.12	32.98	73	77	−4	218	218	0	20	21	−1	208	214	−6
48	oura	130.22	32.98	155	120	35	240	214	26	29	30	−1	214	209	5
49	陈家坞	121.22	33.1	157	160	−3	342	356	−14	19	16	3	81	86	−5
50	佐世保	129.38	33.15	84.8	101	−16	242	213	29	25	28	−4	221	209	12
51	shishiki wan	129.38	33.2	80	81	−1	223	219	4	23	23	0	211	214	−3
52	hoasgunpo	126.33	33.23	77	86	−9	264	256	8	18	25	−7	175	202	−27
53	konominoto	130.48	33.85	37	56	−19	253	256	−3	14	25	−11	279	262	17
54	射阳河口	120.5	33.82	90.3	103	−12	290	281	9	23	30	−7	44	34	10
55	wan	126.75	34.32	100	115	−15	290	269	21	28	26	2	230	190	40
56	燕尾	119.78	34.48	153	149	4	179	171	8	23	34	−11	19	11	8
57	yakchi-do	128.27	34.65	85	83	2	225	217	8	16	18	−2	171	177	−6
58	大照山岛	125.43	34.68	106	118	−12	9	−1	10	24	23	1	240	251	−11
59	yosu-hang	127.75	34.73	102	96	7	228	221	7	21	21	0	171	177	−6
60	连云港	119.45	34.75	170	164	6	182	159	23	27	35	−8	19	6	13

续表

点号	站名	位置		M_2						K_1					
				振幅(cm)			迟角(°)			振幅(cm)			迟角(°)		
		东经(°)	北纬(°)	实测	计算	相差	实测	计算	相差	实测	计算	相差	实测	计算	相差
61	annno da	126.02	35.35	169	192	−23	40	31	9	32	31	1	250	264	−14
62	黄家塘湾	119.75	35.53	120	136	−16	145	141	4	30	33	−3	10	−2	12
63	黄海中央	123.7	35.6	83	81	2	63	55	8	14	17	−3	302	300	2
64	青岛	120.32	36.08	125	120	5	136	120	16	27	31	−4	356	350	6
65	千里岩	121.38	36.25	91	90	1	94	81	13	19	26	−7	338	338	0
66	女岛	120.83	36.38	120	123	3	112	105	7	30	31	−1	357	354	−3
67	靖海角	122.18	36.85	90	94	−4	69	54	15	30	27	3	341	324	17
68	taemuui da	126.45	37.38	278	301	−23	107	111	−4	40	38	2	288	300	−12
69	成山角	122.7	37.38	33.3	40	−7	347	329	18	23	26	−3	316	315	1
70	烟台	121.38	37.55	76	75	1	289	284	5	17	16	1	305	293	12
71	龙口	120.32	37.65	44.4	29	15	301	291	10	17	23	−5	200	201	−1
72	mu do	125.58	37.73	213	217	−4	119	115	4	38	37	1	297	302	−5
73	南长山岛	120.7	37.92	58	48	10	292	277	15	9	11	−2	234	225	9
74	monoggum	124.78	38.18	114	112	2	187	181	6	37	36	1	306	314	−8
75	北湟城岛	120.92	38.4	65.4	50	16	300	291	10	8	2	6	27	63	−36
76	sok to	125	38.63	156	189	−33	212	218	−6	38	40	−2	313	323	−10
77	大连	121.67	38.92	104	98	6	288	284	5	25	30	−5	363	359	4
78	塘沽	117.72	39	123	110	13	100	62	38	33	38	−5	152	155	−3
79	大长山岛	122.58	39.27	132	130	2	265	264	1	33	35	−2	342	345	−3
80	西中岛	121.23	39.38	48	35	13	22	26	−4	31	30	1	68	76	−8
81	unmu do	125.12	39.42	222	229	−7	237	250	−13	48	43	5	337	337	0
82	长兴岛	121.47	39.66	54	50	4	83	97	−14	35	36	−1	77	90	−13
83	水运岛	124.42	39.7	206	191	15	239	248	−9	37	41	−4	328	336	−8
84	大孤山	123.55	39.77	193	214	−21	267	246	21	37	42	−5	335	335	0
85	薪岛	124.27	39.8	212	0		246	232	14		0		331	0	
86	大鹿岛	123.75	39.75	188	191	−3	244	248	−4	38	41	−3	333	336	−3
87	秦皇岛	119.62	39.92	12.9	14	−2	309	272	37	30	32	−3	118	119	−1
88	菊花岛	120.83	40.48	76.9	75	2	149	149	0	29	40	−11	101	108	−7
89	辽河拦沙	122.07	40.53	110	111	−1	135	130	5	30	43	−13	98	100	−2
90	垦口外海	118.43	38.45	70	67	3	101	66	35	33	33	−1	161	158	3
91	营城子湾	121.32	38.97	56	42	14	349	355	−6	25	27	−2	54	66	−12

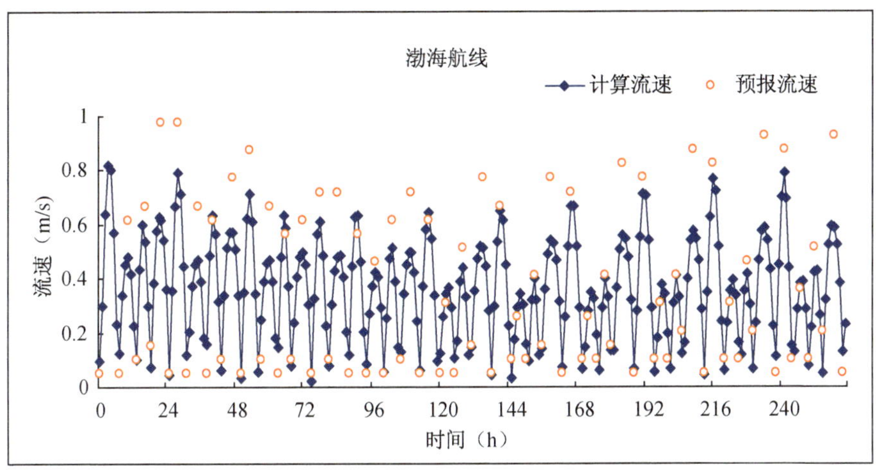

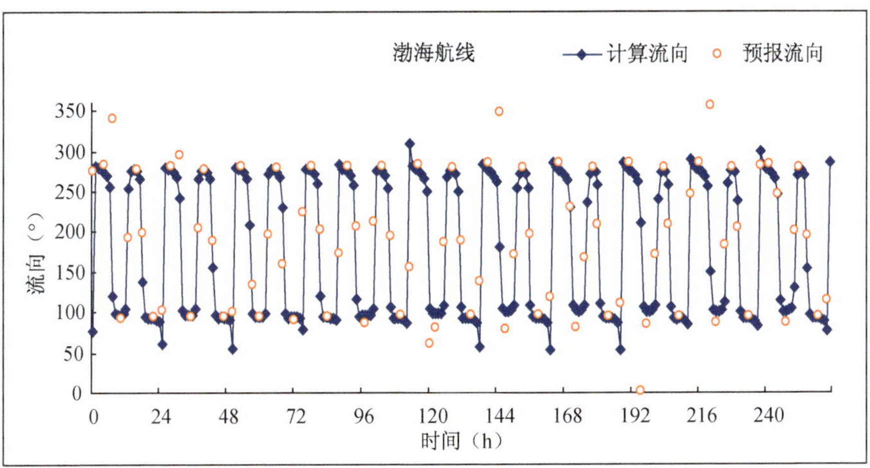

（a）渤海航线流速、流向验证

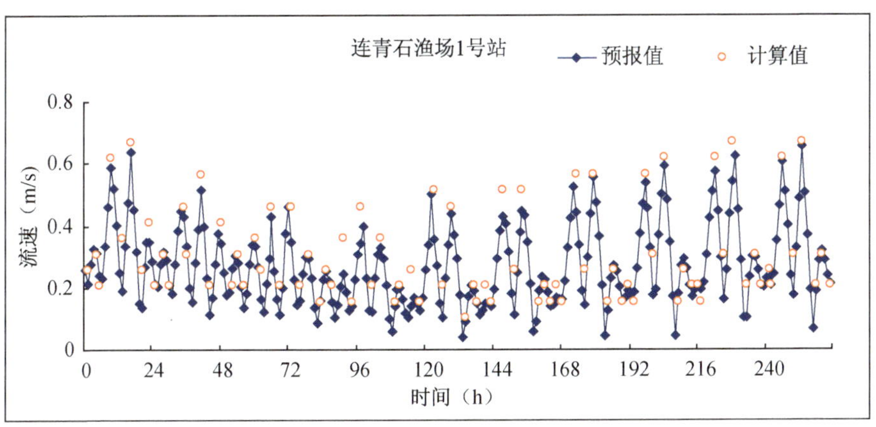

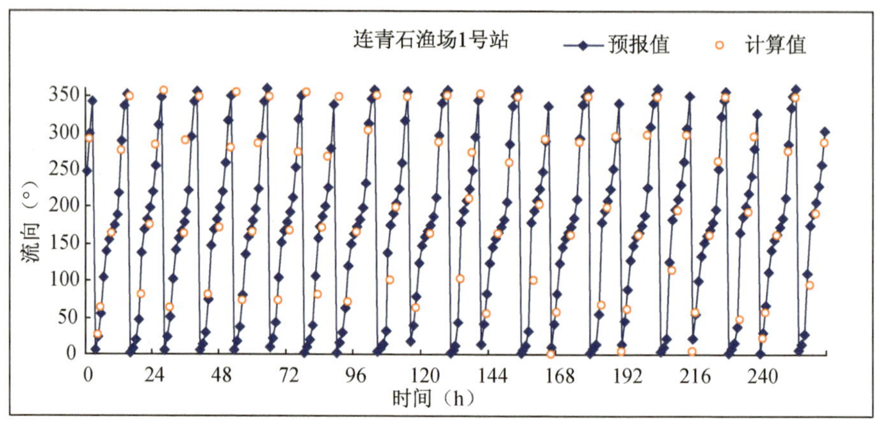

(b) 连青石渔场 1 号站流速、流向验证

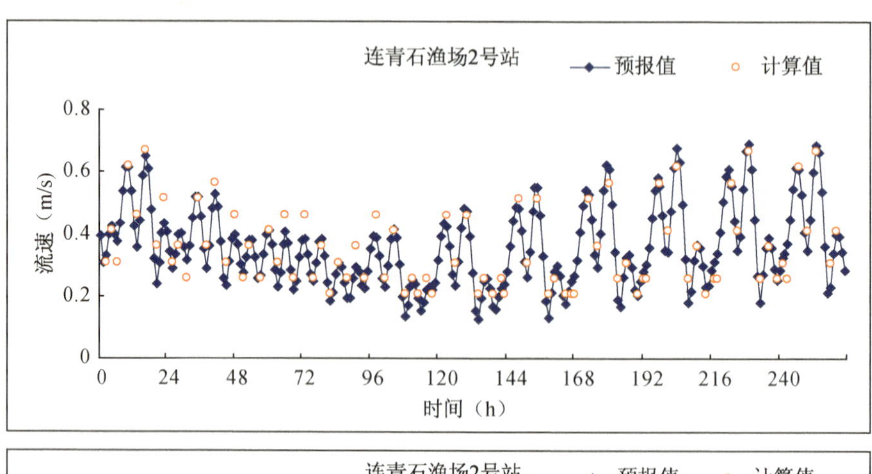

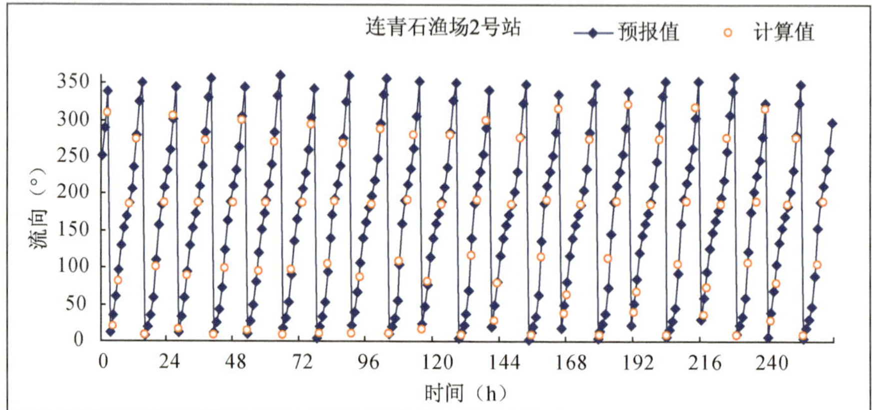

(c) 连青石渔场 2 号站流速、流向验证

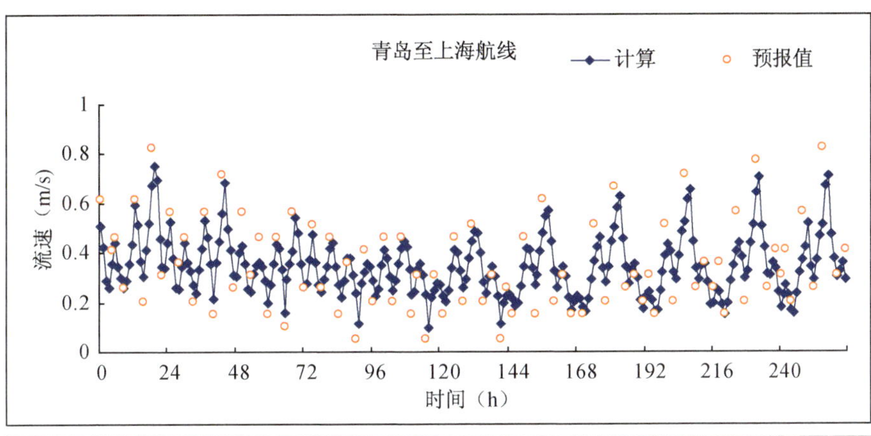

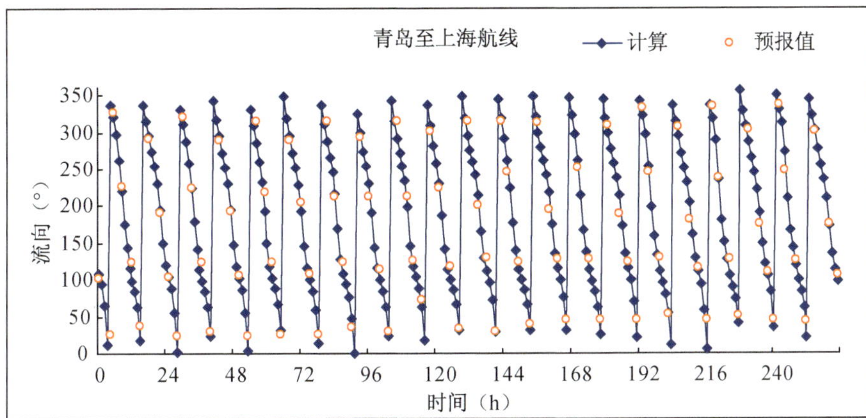

（d）青岛至上海航线流速、流向验证

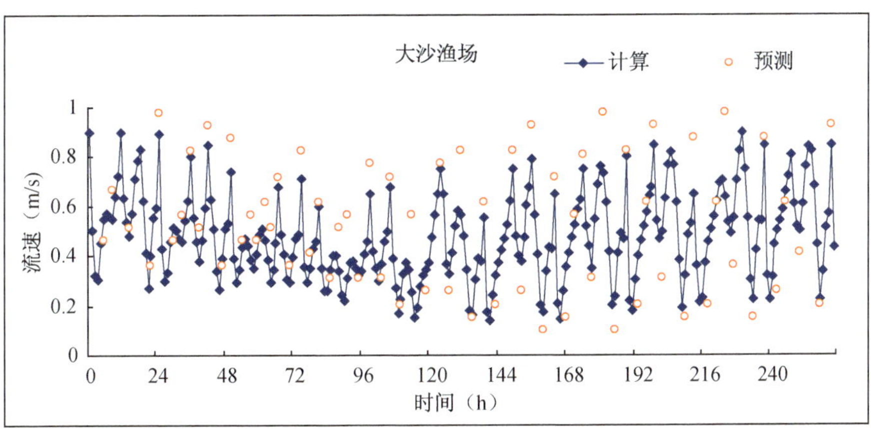

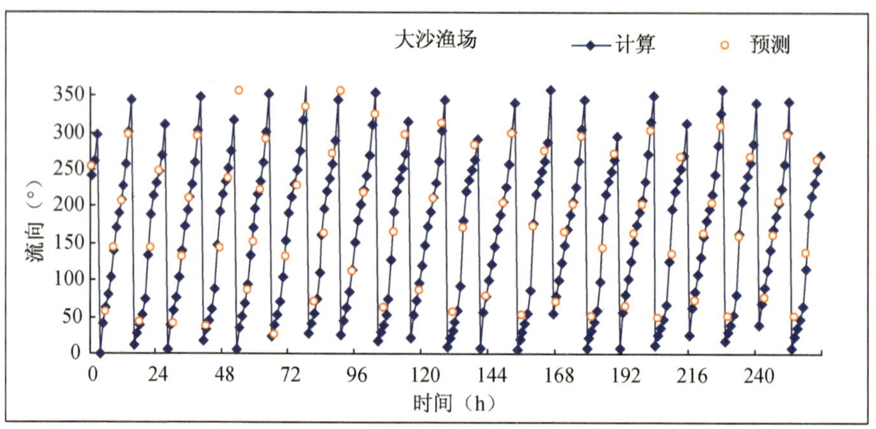

（e）大沙渔场站流速、流向验证

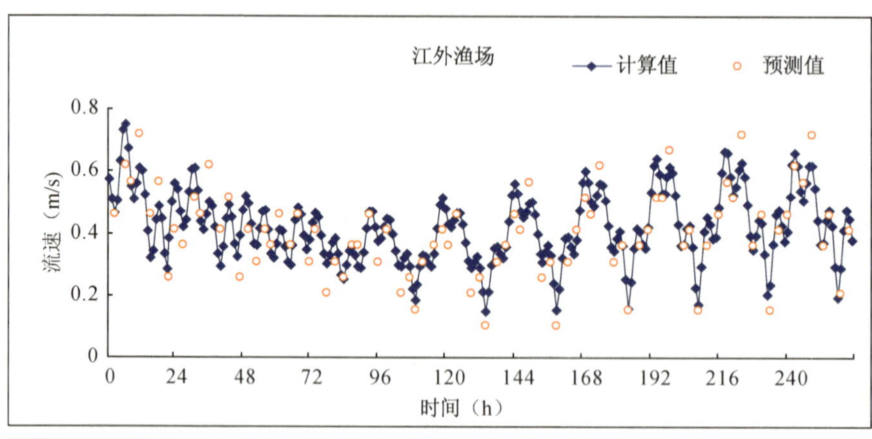

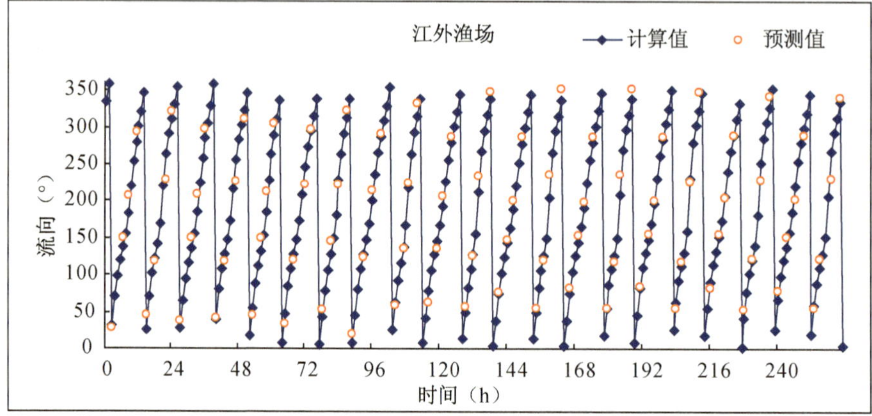

（f）江外渔场站流速、流向验证

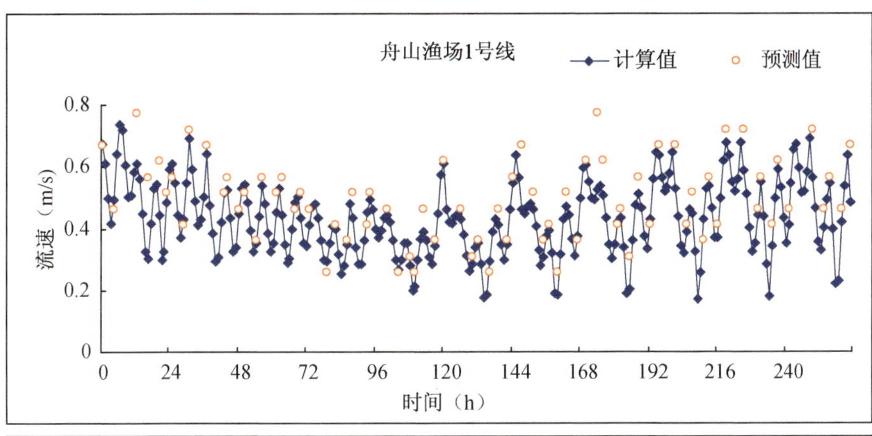

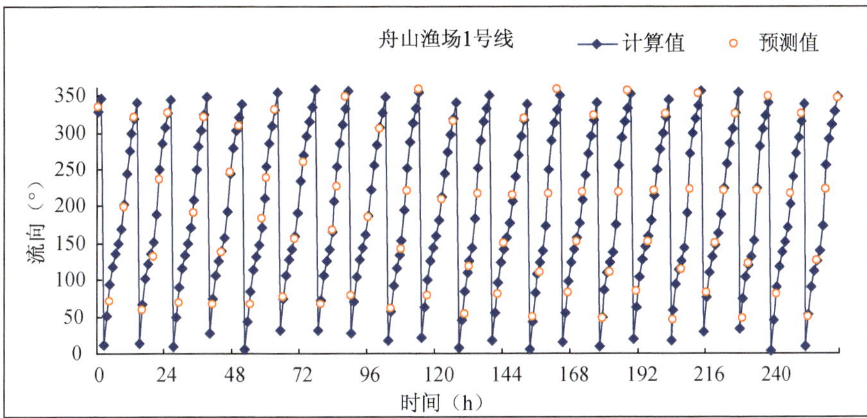

（g）舟山渔场 1 号线流速、流向验证

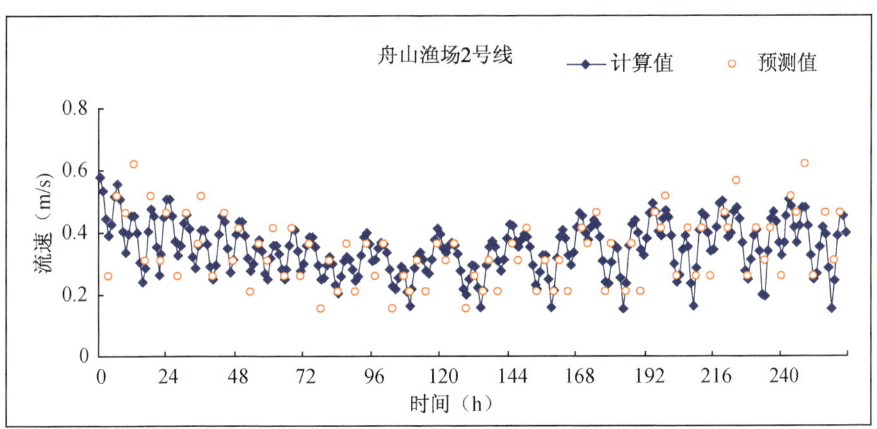

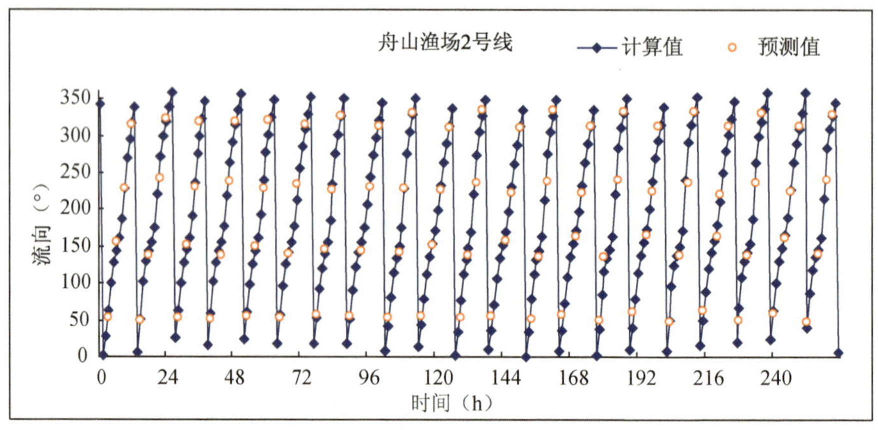

（h）舟山渔场 2 号线流速、流向验证

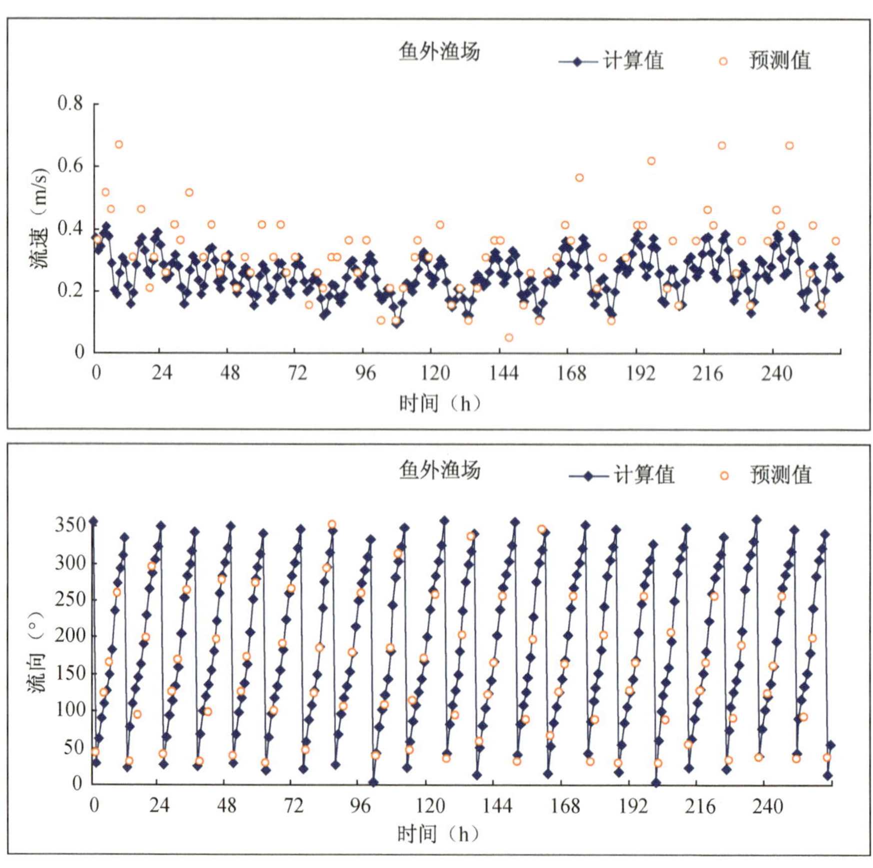

（i）鱼外渔场流速、流向验证

图 4-21　进取的流速预报站的验证过程线

（2）南黄海潮波数学模型的建立与验证

东中国海模型虽较好地反映了该海域辐聚辐散的潮流场(图 4-22)，但由于网格较大，很难反映地形的局部变化对水流运动的影响及辐射沙脊复杂的水流环境。因此在东中国海模型的基础上，建立了南黄海海域潮波数学模型，并且在废黄河口及辐射沙脊区域进行了局部加密。

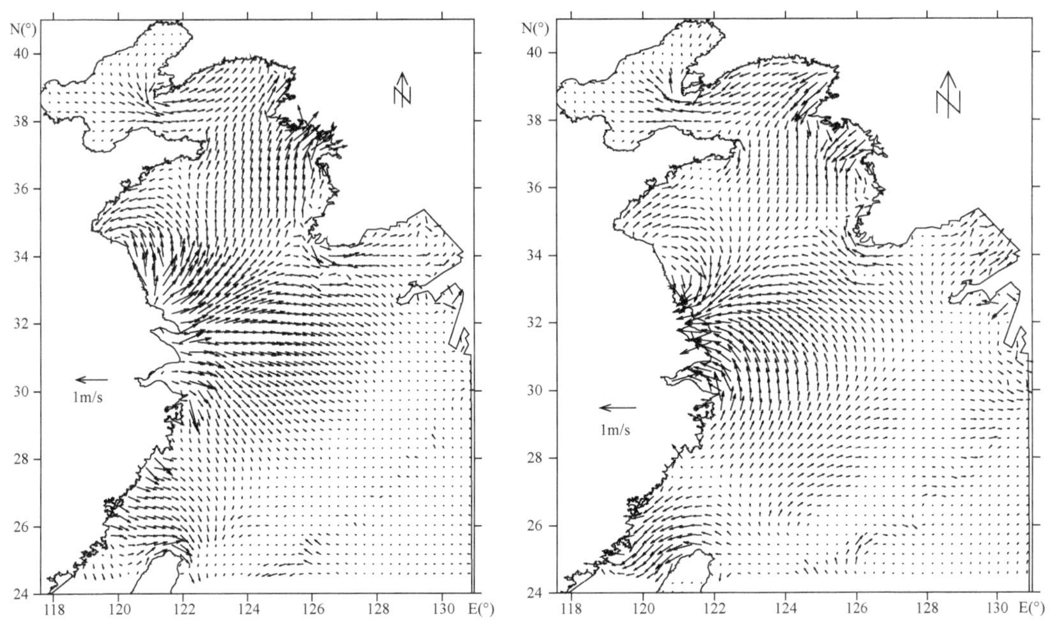

图 4-22　东中国海潮流流矢图

① 潮波运动基本方程

中尺度模型采用球面坐标系统，控制方程与东中国海模型相同。

② 边界条件

边界条件采用八个主要分潮（M_2、S_2、N_2、K_2、K_1、O_1、Q_2、P_1）的调和常数。模型上开边界上的调和常数由大区域模型的计算结果经调和分析取得，并根据验证结果对边界不断进行修正。

③ 计算方法

采用《海岸与河口潮流泥沙模拟技术规程》（TJS/T231—2—2010）推荐的ADI法。

④ 模型范围和网格

模型范围从山东靖海角到浙江台州附近，包括了整个江苏海岸，长江口和杭州湾，网格尺度 200～2 000 m。模型采用球面坐标系统，控制方程与东中国海模型相同。

⑤ 模型验证

模型验证采用辐射沙脊区内 25 个潮位站调和常数进行验证，同时对计算区域内 30 个点的流速进行调和常数对比。验证结果显示四个主要分潮的振幅绝对值误差分别为 4.3 cm、1.4 cm、2.0 cm 和 2.0 cm，迟角绝对值平均误差分别为 3.5°、4.3°、2.1°和 3.4°；潮流的相位与验证资料基本一致。南黄海潮流数学模型能够很好地模拟该海域辐聚—辐散的潮流动力场特征，能够反映研究海域的潮流运动特征和天然流场。

4.5.2 无潮点及分潮振幅的变化

表 4-5 为不同时期 M_2、S_2、K_1、O_1 分潮无潮点的位置和移动距离。从表中可以看出，1855 年 20 世纪 30 年代，由于岸线的快速后退，水下三角洲的侵蚀，其附近的无潮点位置发生了显著的变化。由于近百年来废黄河三角洲岸段不断侵蚀后退，使得 M_2、K_1 等分潮无潮点位置也不断向西南方向移动。半日潮无潮点的移动距离远远大于全日潮，从 1855 年到现在，M_2 分潮无潮点移动距离为 16.5 km，K_1 分潮移动的距离仅为 0.8 km。

岸线和地形的改变，对江苏沿海的潮波分潮振幅的影响比较明显，特别是对半日潮的影响(图 4-24)。1855 年至 20 世纪 30 年代，在废黄河口岸线快速后退的背景下，江苏海域潮波振幅的变化，大致以废黄河口为界，以北振幅减小，M_2 分潮振幅减小 10～20 cm；以南从废黄河口到吕四港振幅增大，其中在废黄河口的南翼，射阳河口附近 M_2 分潮振幅增加 60 cm；辐射沙脊海域增加 10～20 m，如图 4-24(e)所示。20 世纪 30 年代至 21 世纪初，随着岸线后退速率的减缓，废黄河水下三角洲的夷平，江苏海岸线在海洋水动力作用影响下逐渐变得更加顺直。辐射沙脊地区的 M_2 分潮的振幅继续增大，其中弶港附近增加的幅度最大，达到 50 cm；在废黄河口附近，M_2 振幅反而减小，减小的幅度在 10～15 cm，如图 4-24(f)所示。

总之，黄河北归以来，分潮振幅的变化大致以废黄河口为界，以北分潮振幅减小，以南振幅增大，其中以辐射沙脊内海的振幅变化最大。半日潮和全日潮变化趋势一直，差别在于变化量值。

表 4-5 无潮点移动距离 单位：km

	1855 年—20 世纪 30 年代	20 世纪 30 年代—21 世纪初
M_2	16.5	8.1
S_2	13.1	7.4
K_1	0.8	0.2
O_1	2.4	0.4

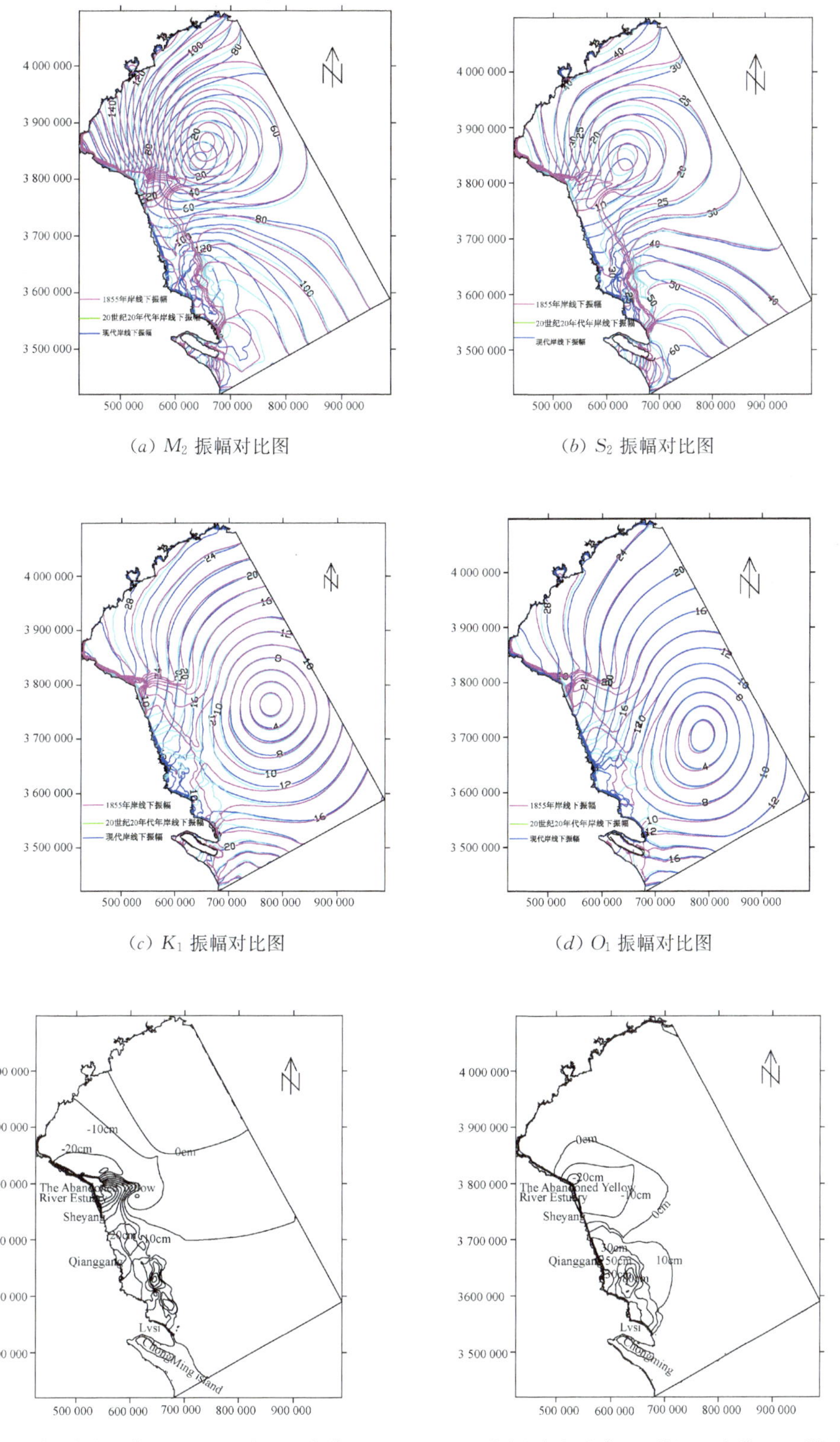

(*a*) M_2 振幅对比图　　(*b*) S_2 振幅对比图

(*c*) K_1 振幅对比图　　(*d*) O_1 振幅对比图

(*e*) M_2 分潮振幅变化(1855—20 世纪 30 年代)　　(*f*) M_2 分潮的振幅变化(20 世纪 30 年代—21 世纪初)

图 4-24　分潮振幅变化

4.5.3 不同时期的潮流场变化

辐射沙脊区是一特殊的潮汐环境，东海的前进潮波与北部海域旋转潮波在弶港地区辐合，产生了辐聚辐散的潮流场。不同时期的数值模拟研究显示，江苏岸线的局部变迁并没有改变这种辐聚辐散潮波系统。但1855年黄河北归前，由于废黄河口岸线向外突出20余km，且有宏大的水下三角洲，由北向南传播的潮波受到突出岸线和水下三角洲阻挡，对水流挑流作用较强，使得处在其南侧的辐射沙脊区水动力相对较弱。随着岸线的后退和水下三角洲的侵蚀，由北向南传播的潮波变得更加顺畅，辐射沙脊区的水动力得到了加强(图4-25)。

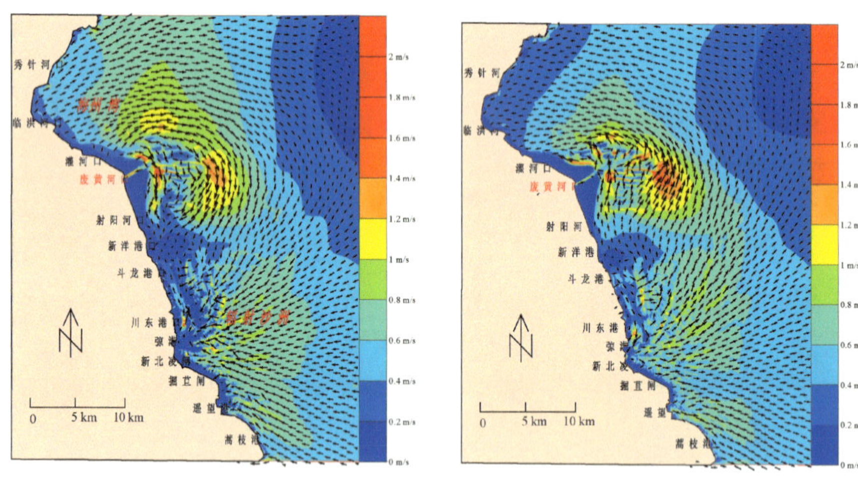

(a) 1855年

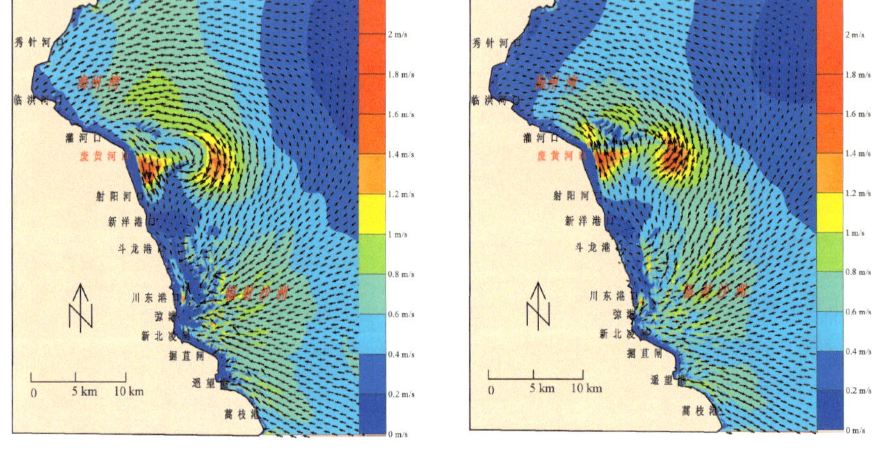

(b) 1904年

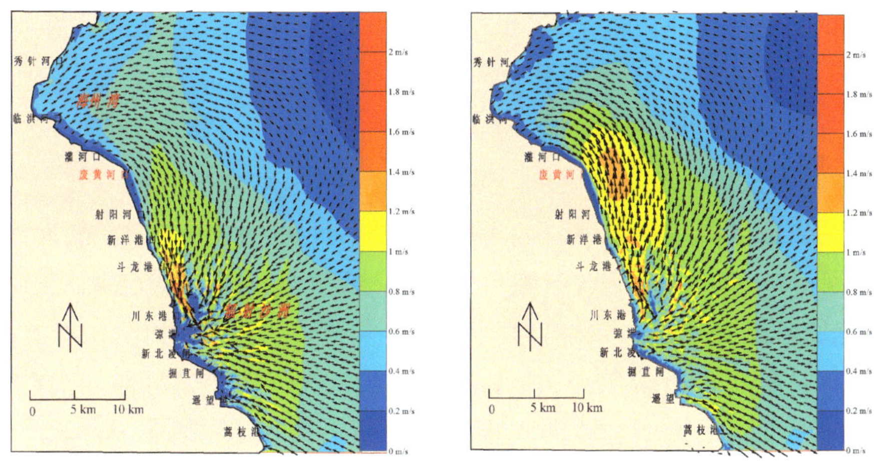

(c) 20 世纪 30 年代

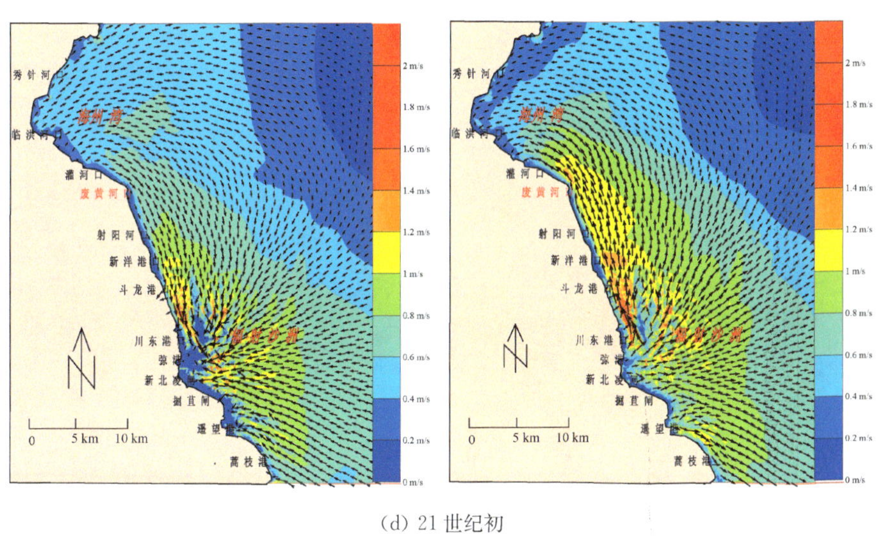

(d) 21 世纪初

图 4-25　涨急(左)、落急(右)时刻流矢图

为研究废黄河三角洲侵蚀后退对不同水道深槽区水流动力的影响,分别在西洋水道、烂沙洋水道分别取特征点,如图 4-26 所示,计算分析不同历史时期时的流速变化。计算结果显示:1855 年至 1904 年间,虽然废黄河三角洲水下地形有所变化,但废黄河口还始终存在大的水下三角洲,对水流挑流作用仍然加强,使得处在其南侧的西洋水道深槽处的水流相对较弱;平均流速仅为0.4 m/s,最大流速约 0.6 m/s;随着水下三角洲的夷平和岸线的快速后移,由北向南传播的潮波变得更加顺畅;西洋深槽区的水流强度得到较大的增幅。至 1930 年西洋深槽平均流速增大到 0.8 m/s;最大流速增大到 1.4～1.5 m/s;相比 1904 年增大约一倍。随着三角洲的侵蚀殆尽,废黄河整体后移,西洋水道的水流进一步增大，但增幅已大大减弱；至 21 世纪初平均流速增加到 0.9 m/s，最大流速增加到1.6 m/s左右，相比 1930 年增幅约 10%(图 4-27)。

烂沙洋位于辐射沙脊的中部，位于南黄海旋转潮波向东海前进波过渡区域，随着废黄河三角洲侵蚀后退后，该水道深槽的水动力得到进一步增强，特别是三角洲侵蚀殆尽后烂沙洋水道深槽流速变化较大，平均流速增幅为约 15%，随着废黄河侵蚀速度的减缓，深槽区流速变化幅度也相应减弱(图 4-28)。小庙洪位于辐射沙脊的最南翼，水道性质较为单一，受东海前进波影响较大，但同样随着废黄河三角洲侵蚀后退后，该水道深槽的水动力也得到进一步增强，三角洲侵蚀殆尽后小庙洪水道深槽的平均流速增幅为约 10%(图 4-29)。

在辐射沙脊南翼水道深槽区水动力随废黄河水下三角洲的侵蚀后退，水流强度增大的同时，涨落急时段流速较大时刻的水流主流向也有向南偏移 1°～2°的趋势。

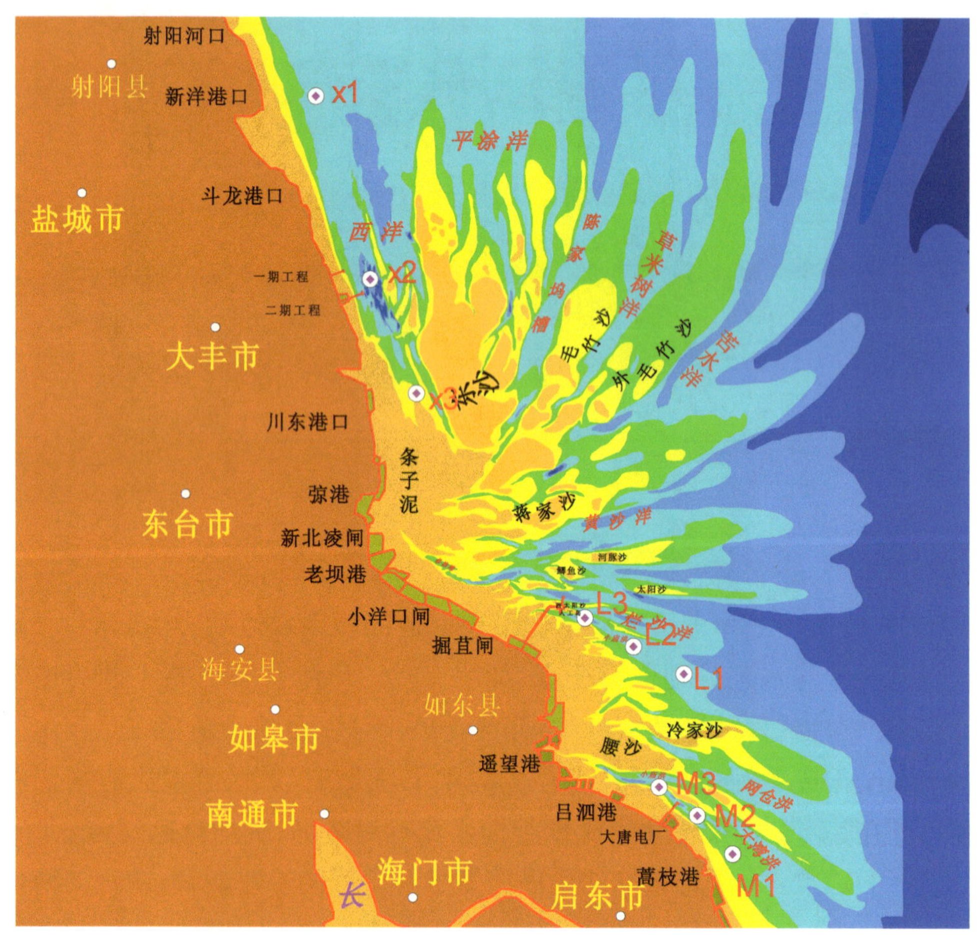

图 4-26　取样点布置图

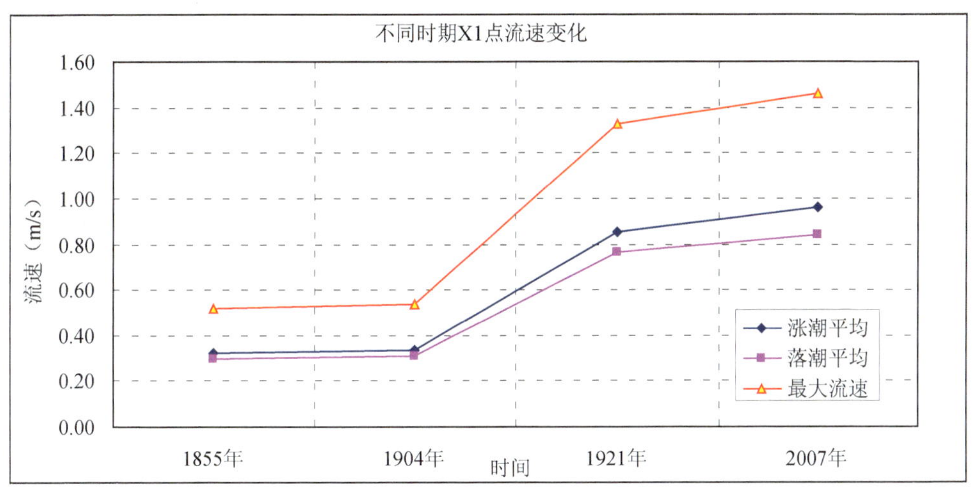

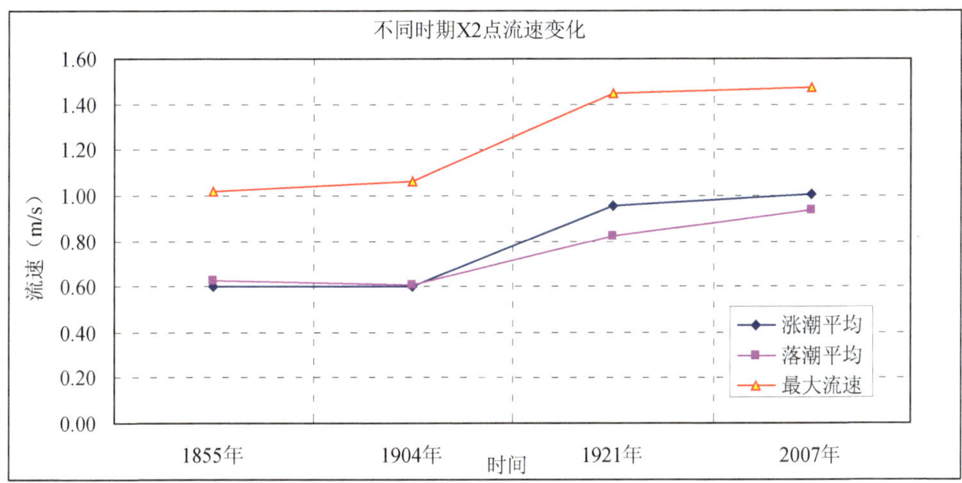

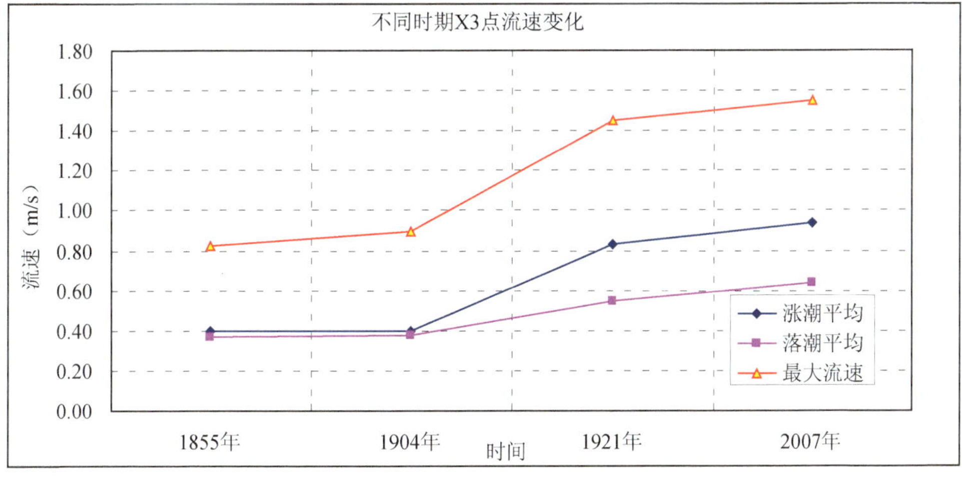

图 4-27　西洋水道深槽区流速变化

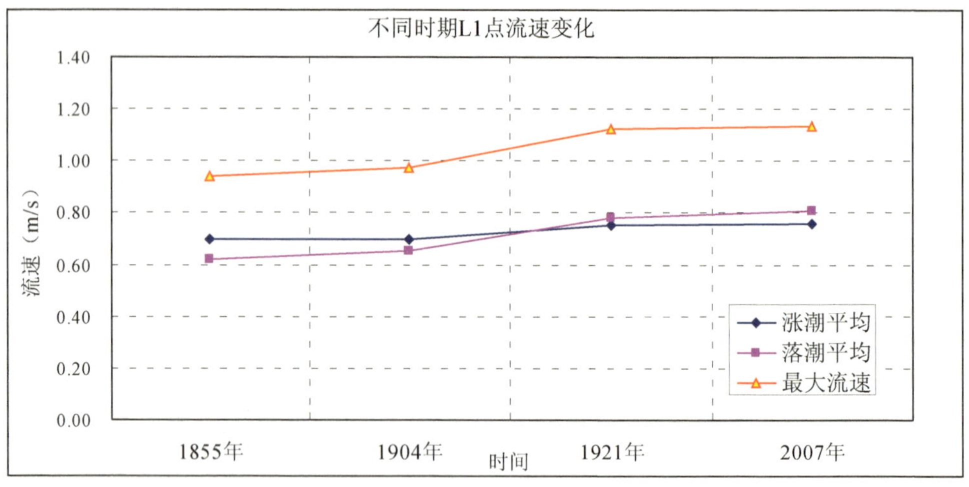

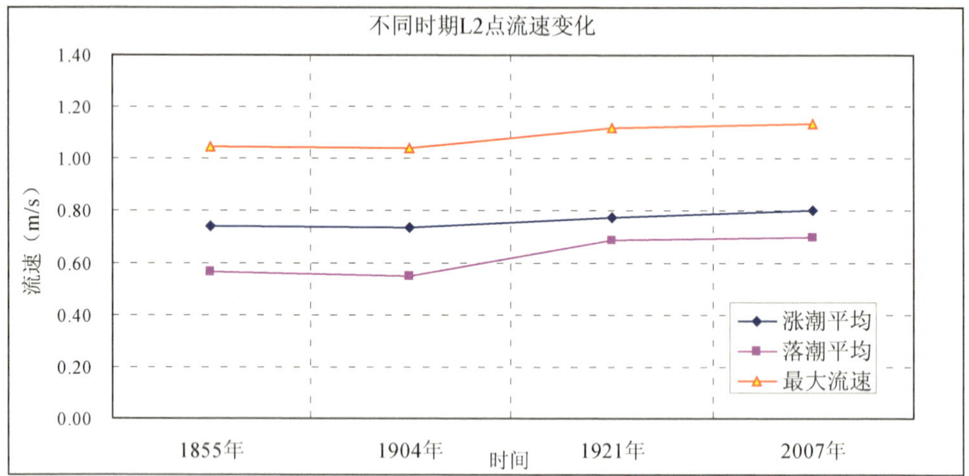

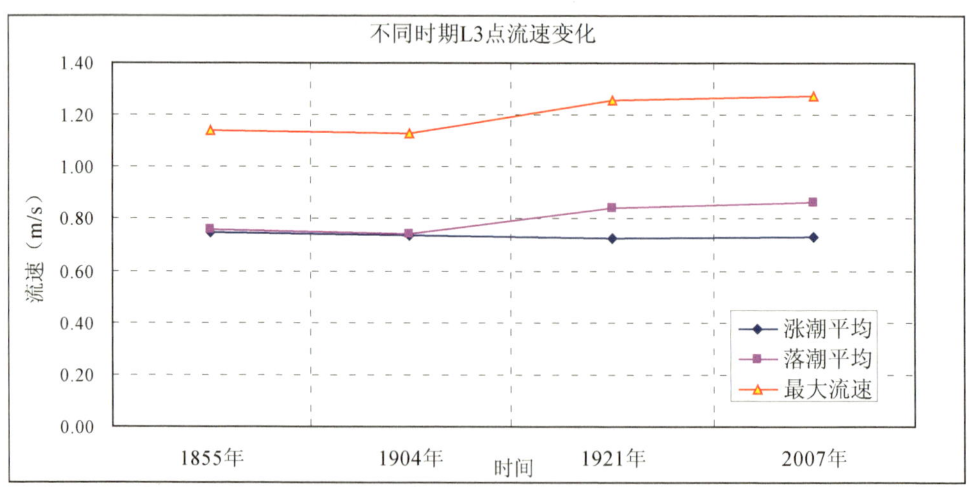

图 4-28　烂沙洋水道深槽区流速变化

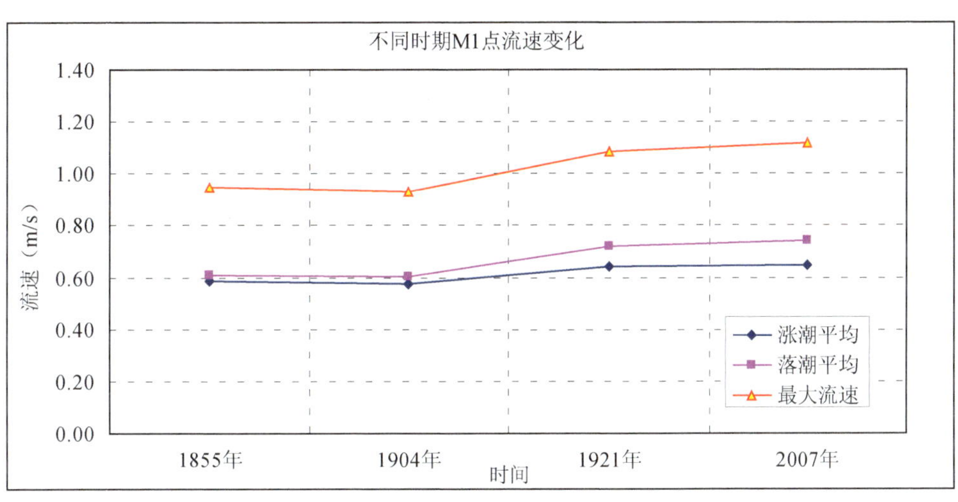

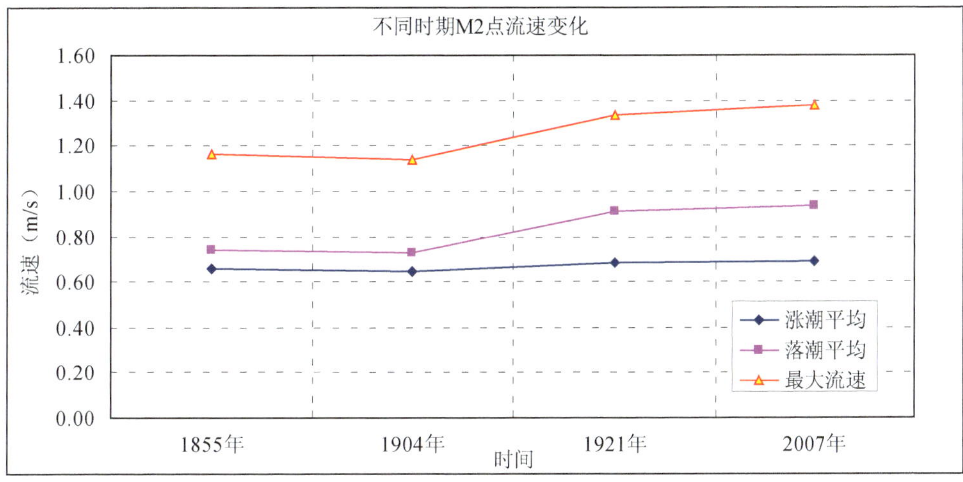

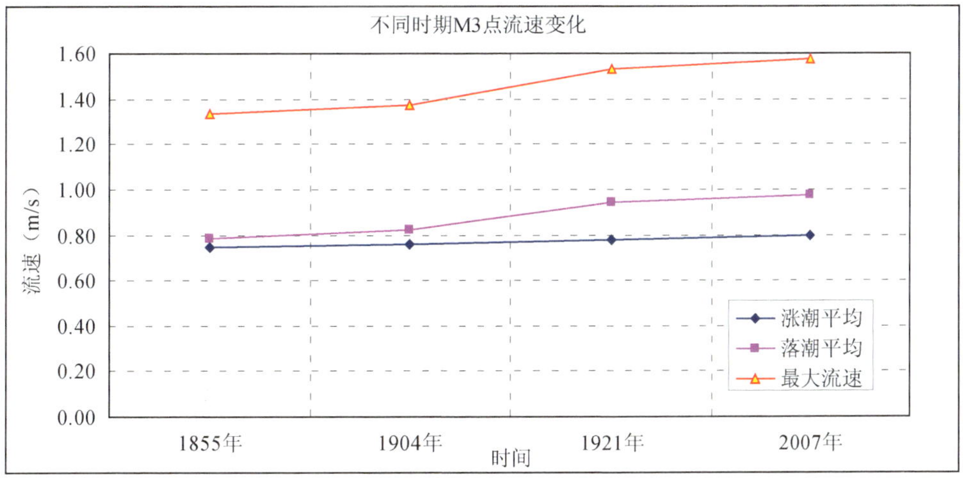

图 4-29　小庙洪水道深槽区流速变化

4.6 辐射沙脊趋势性演变的动力机制分析

水道和沙洲的变化依然受制于海域海洋动力条件和泥沙的补给。随着黄河口北归和长江口南移，辐射沙脊不再得到大量的泥沙供给，而成为一个准封闭的泥沙系统，外来泥沙不再是控制辐射沙脊发育的主导因素。此时潮流是形成和维持辐射沙脊群的主要动力，江苏岸外辐合的潮波系统，是大洋潮波在朝鲜半岛、山东半岛和江苏岸线构成的独特边界下传播的必然结果。局部岸线的变化对潮波系统的影响不容忽视，岸线变迁会导致潮波系统无潮点的摆动、潮差和最大流速区发生变化，这些成果进一步证实了局部岸线变化对潮波系统有较大的影响。海岸动力变化与海岸演变之间相互作用长期存在，海岸变迁引起潮波变化，同时改变后的潮波系统分布也将会对海岸地貌重新塑造，这种反作用往往会体现在更大尺度的海岸演变上。

考虑到废黄河三角洲海岸作为辐射沙脊区的主要泥沙源，同时，南黄海旋转潮波需经废黄河三角洲岸外向南传播进入辐射沙脊区从而构成辐聚辐散的潮流格局。根据黄河北归 150 年来废黄河三角洲海岸 20 余 km 的侵蚀后退以及侵蚀泥沙的逐渐减少对辐射沙脊区两大潮波系统强弱对比和区域泥沙供给条件的可能影响，可以推测废黄河三角洲海岸整体大范围后退对由北向南传播的旋转潮波阻碍作用有所减弱，从而使旋转潮波相对加强。两大潮波系统辐聚形成的辐射沙脊近期动态表现出主轴南移趋势(潮波辐聚中心区的二分水滩脊线南偏，西洋主槽冲深和南延，东沙滩脊东移，南翼烂沙洋水道、小庙洪水道向南逼近)与废黄河三角洲受侵蚀退后，北部旋转潮波加强也可能有成因上的联系。具体表现在以下几个方面：

(1) 由于近百年来废黄河三角洲岸段不断侵蚀后退，使得 M_2、K_1 等分潮无潮点位置也不断向西南方向移动。无潮点的向西南方向移动说明由于三角洲侵蚀和岸线的后退，由山东半岛传播而来的旋转潮波得到加强，使得其与东海前进波汇潮点位置向西南方向偏移。这就有可能使得辐射沙脊附近的分水沙脊线向南偏移。

(2) 1855 年黄河北归前，由于废黄河口岸线向外突出 20 余 km，且有宏大的水下三角洲，使得由北向南传播的潮波受到阻挡，废黄河水下三角洲对水流挑流作用加强，使得处在其南侧的辐射沙脊区水动力相对较弱。随着岸线的后退和水下三角洲的侵蚀，由北向南传播的潮波变得更加顺畅，辐射沙脊区的水动力得到加强。特别是西洋水道随着废黄河三角洲的不断侵蚀，该区域的水动力不断加强，这也正是西洋水道深槽不断冲深、南延的主要原因。

（3）随着江苏海岸线后退，废黄河口水下三角洲夷平，南黄海旋转潮波得到进一步加强，水动力加强区域逐渐向辐射沙脊偏移也即水动力的主轴方向明显向南偏移。辐射沙脊中南部烂沙洋水道、小庙洪水道深槽区的水动力随着废黄河三角洲的侵蚀后退，平均流速和最大流速均表现为加大的趋势，且水动力主轴方向也有向南偏移趋势。而这种水动力主轴方向向南偏移，很有可能是导致辐射沙脊南部诸水道向南发展的主导因素。

（4）随着最近几十年来，江苏沿海海堤的加固，江苏的岸线基本上得到了控制，岸线后退的速率将会越来越小，而且，废黄河口水下三角洲早已侵蚀殆尽，巨大地形变化的可能性也很小了，水下岸坡侵蚀最强烈的局部地段已较接近平衡。因此，水动力主轴摆动的幅度将会大大减小。潮流是辐射沙脊形成演变的控制性因素，由于同辐聚－辐散的流场形势相一致，辐射沙脊内部“水道－沙洲”组合的态势基本稳定，如果潮波系统及泥沙来源等大尺度自然条件没有显著变化，这样的格局也就能够得以长期维持。

第 5 章 辐射沙脊群形成演变动力地貌过程模拟

对辐射沙脊群的形成时间各家说法不一，时间跨度从 100 年到 10 000 年。对于辐射状沙脊群形成的物质来源研究者大多从沉积物的粒度、矿物组成等角度进行推测，未有定论。本项研究拟建立辐射沙脊群海域水动力和中长时间尺度地貌过程数学模型，复演辐射沙脊群形成和演变过程，探讨辐射状沙脊群形成时间和物质来源等问题。

5.1 中长时间尺度动力地貌模型技术

传统的基于水动力—泥沙输运—地貌变化泥沙模型可以研究工程尺度的地貌演变过程，然而限于数值差分格式稳定性和收敛性的要求，其时间步长通常很小，在秒至分钟级。依靠这种数学模式计算十年至百年乃至千年的地貌过程，目前的计算能力尚无法达到。中长时间尺度的动力地貌模拟就是把原来水动力尺度的泥沙输运量，通过地貌更新加速技术手段拓展到地貌尺度的输运量及其相应的地貌变化，由此实现有限的动力计算时间下的长时间尺度动力地貌变化。因此地貌更新加速技术是其中的一个关键。

地貌模型更新加速的方法经历了潮周期平均、地貌快速诊断、实时地貌更新（online morphological updating scheme）等发展过程[67-69]。其中实时地貌更新是目前应用较多的一种，其主要原理是由于一个水流计算步长内地形变化与长时间尺度地貌演变相比非常小，为节省计算时间，不需要每个水流计算后都更新地形。可以假设在 N 个水流计算步长内海底地形不变，计算该地形下的流场变化、沉积物输运率、海底地形变化，从而得到新的地形，为下一个周期计算提供初始地形，如此不断循环完成长时间尺度地貌演变的计算，即采用地貌加速因子方式实现长时间尺度地貌过程模拟[54]（图 5-1）。其前提假设是单个水动力计算步长下的泥沙净输运和地貌变化量很小，因此乘以一个地貌加速因子后仍不显著改变地貌本身的格局。地貌加速因子可以增加至约 500,也就是说水动力模型计算 1 年,就可以获得 500 年的地貌演变结果,如此即大大延伸了地貌过程的时间尺度。地貌加速因子的选取没有明确的规律,实际应用中需要通过一定的敏感性分析来选择[67]。这个因子越大,引起的最终偏差可能也越大,一般情况下的原则是一个潮周期加速后的地貌变化量要小于水深的 10%[68]。为减小误差可以应用随时间变化的地貌加速因子、并考虑悬移质泥沙输运时的水量守恒、泥沙守恒等方面[67]。总体而言,由于中长时间尺度的动力地貌模拟关注的较大空间、较长时间尺度上的地貌形态和结构,微观地貌的差异并不妨碍模型技术本身的应用价值。

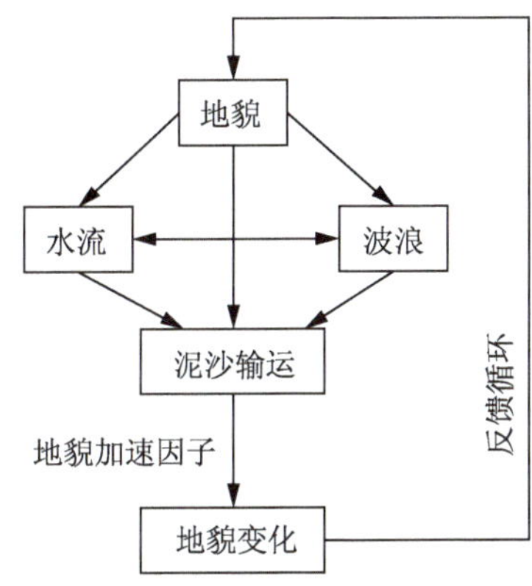

图 5-1　动力地貌模型流场图(改自文献[69])

5.2　中长时间尺度动力地貌模型建立与验证

本研究使用国际上先进的 Delft3D 模型系统,该系统整合了水动力、物质输运、水质、生态、波浪和地貌等多个子模块,目前全部子模块已完全开源化。可用于河口海岸水动力、沉积物输运、地貌演变、水质变化等方面模拟。本文使用其开源版(Delft3D Open Source 4.0061)

5.2.1　模型范围及网格

黄海是一个半封闭的陆架浅海,其西、北侧为中国大陆,东侧为朝鲜半岛,西北与东南分别与渤海、东海相通。为了准确模拟潮波在朝鲜半岛、山东半岛和江苏岸线边界下传播及其在南黄海辐聚辐散的特征,先进行了东中国海潮波数学模型计算,该模型计算范围包括了台湾海峡、东海、黄海和渤海,大洋潮波开边界取在琉球群岛和台湾海峡。模型区域为东经 117°～131°、北纬 24°～41°，模型网格尺度为 2′×2′。在此基础上，建立南黄海潮流泥沙数学模型，模型范围从山东靖海角到浙江台州附近，包括了整个江苏海岸，局部模型网格尺度最大 1 000 m，最小为 500 m(图 4-20)。

5.2.2 模型主要参数

黄海潮流模型开边界采用八个主要分潮调和常数控制(M_2、S_2、N_2、K_2、K_1、O_1、Q_1、P_1)，调和常数由东中国海模型计算结果经调和分析得出，并根据验证结果对边界不断进行修正。局部潮流泥沙模型采用在线耦合(ON-LINE)的方式完成水流—泥沙相互作用，即在每个计算步长内的冲淤变化实时更新地形，水流计算亦能根据实时地形自行调整。本文分别采用加速因子 150 倍、200 倍、300 倍进行试算，计算结果显示 150 和 200 倍的计算结果基本一样，300 倍相差较大，模型最后采用的地貌加速因子为 200 倍，模型主要参数见表 5-1。

表 5-1　模型主要参数

参数	赋值	备注
开边界	采用八个分潮控制	从东中国海模型提取潮位，调和分析得出
空间步长	500～1 000 m	
时间步长	30 s	
沉积物粒径	D_{50}:0.01～0.02 mm	根据黄海海域实测资料统计得出
泥沙沉降速度	0.05 cm/s	
临界侵蚀切应力	0.5～1.0(N/m^2)	
临界沉降切应力	0.1～0.5(N/m^2)	
糙率(曼宁系数)	0.014～0.022	随水深变化
地貌加速因子	200 倍	实际潮位计算 1 a

5.2.3 模型验证

长时间尺度模型模拟对象为各种海岸地貌类型长时间尺度下的发育演变，短时间尺度下的过程显得相对次要，因此其验证方法与短时间尺度模型有所不同，其验证方法可以为模拟结果与实测地貌形态的比较和与经验/半经验模型或其他长时间尺度模型结果之间的相互验证[70]。本项研究含沙量采用 2014 年 5 月辐射沙脊群北部滨海港海域和南部洋口港海域实测的含沙量数据对模型进行验证，率定泥沙模型的主要参数。验证结果显示含沙量量级和波动过程与实测基本一致(图 5-2)。另外模型还将计算地形结果(80 年后)与 1950 年实测地形进行地貌形态对比。计算结果显示(80 年后)：废黄河口外水下沙洲已基本侵蚀

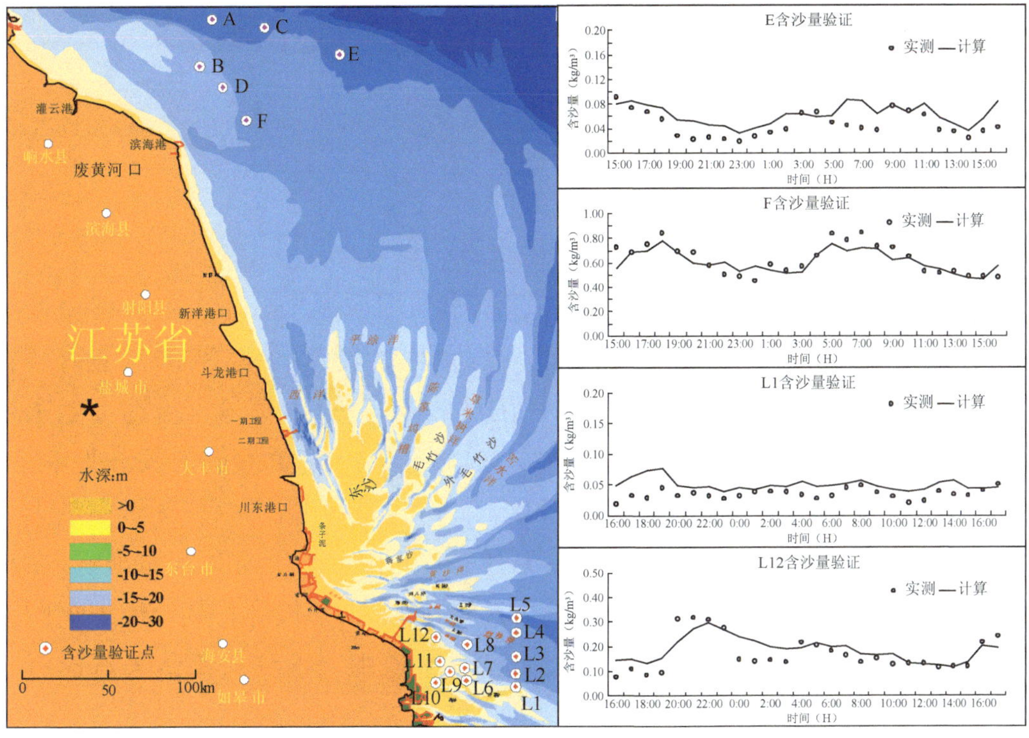

图 5-2 计算与实测的大潮期含沙量对比（单位：kg/m³）

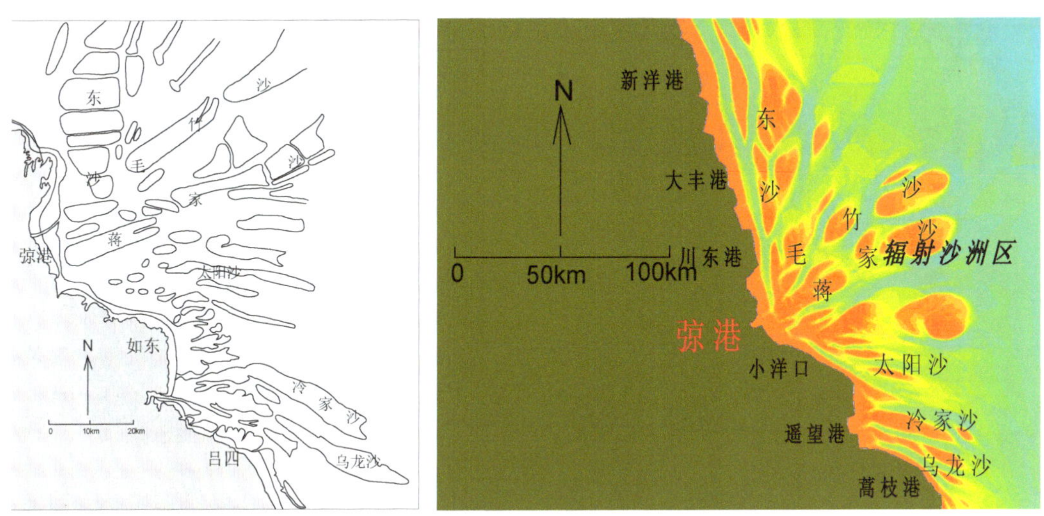

图 5-3 计算与实测的地形对比

殆尽，在射阳至弶港海域发育西洋水道和大型沙体(东沙)；弶港岸外沙洲不断并陆形成蒋家沙、毛竹沙。在辐射沙翼南部发育小庙洪水道、冷家沙和乌龙沙。数模计算的地形结果与1950年海图显示的辐射沙脊群外海水道—沙洲分布形态和格局基本一致(图5-3)。

5.3 辐射沙脊形成演变地貌过程模拟结果分析

5.3.1 辐射沙脊区自然流场特征

由于潮汐特征和海岸地形影响，江苏海岸的潮汐流场分布在不同的岸段有着显著差异。其中连云港外海、辐射沙脊外侧以旋转流为主，滨海及辐射沙脊群潮汐通道区域为往复流。灌河口以北的连云港海域，大潮最大流速一般不超过0.8 m/s；灌河口至斗龙港口之间的岸段，由于靠近南黄海旋转潮波无潮点，潮流流速较大，大潮涨落潮最大流速可达1.4 m/s左右，流向与岸线走向基本一致，以往复流为主；斗龙港口以南的辐射沙脊区，由于受到局部地形影响，潮汐通道中的潮流明显增强，以往复流为主，潮流主轴向与水道走向一致。辐射沙脊北翼的西洋水道、南翼的烂沙洋和小庙洪水道中大潮涨落潮最大流速可达2.0 m/s以上(图5-4)。

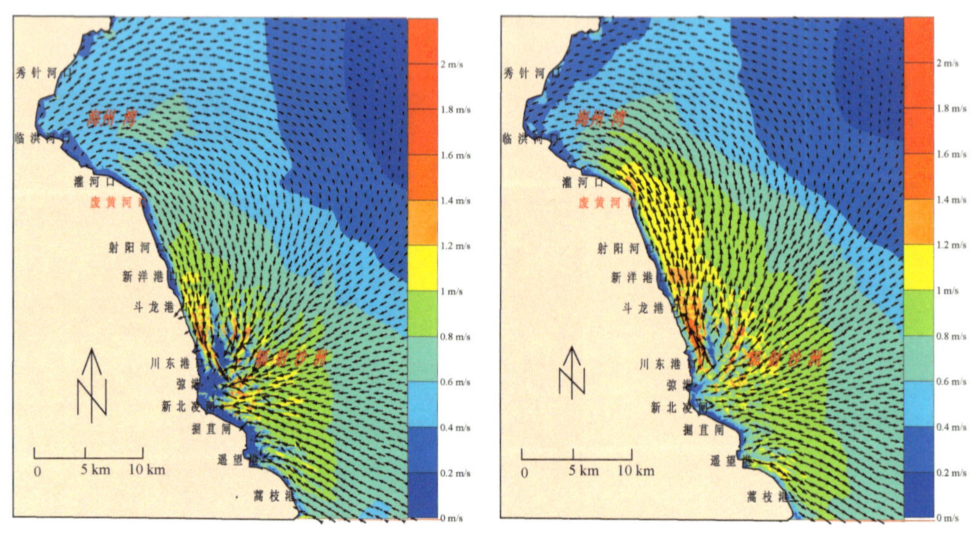

图5-4 涨急(左)、落急(右)时刻流矢图

在涨急时刻，辐射沙脊群区域水流呈现辐聚格局，水流主要顺着几大深槽：

西洋、陈家坞槽、苦水洋、黄沙洋、烂沙洋、小庙洪等，进入辐射沙脊群中心区域。受地形约束，潮流特征与潮波传播特征有关。尤其是在研究区东北部，受旋转潮波影响，该区域的潮流呈显著旋转流特征。落潮时，辐射沙脊群海域流场呈辐射状分布，流场的总体格局主要受控于地形，以弶港为核心，向外辐射，且潮流受地形约束显著。潮流顺着几大潮沙水道呈辐射状向外，在辐射沙脊群北部，流速向北，在辐射沙脊群东北部至东南部，流向从东北向转向东南向，而在南部流速向南。

5.3.2　初始地形设置

(1) 斜坡地形

为探讨辐射沙脊群形成过程，首先设置一个理想斜坡地形，将江苏海岸滨海至启东协兴港海域－20 m 水深区域地形设置成斜坡，水深从岸线开始逐渐由 0 m 过渡到－20 m，坡度为 0.22‰(图 5-5)，将此地形作为模型计算初始地形。

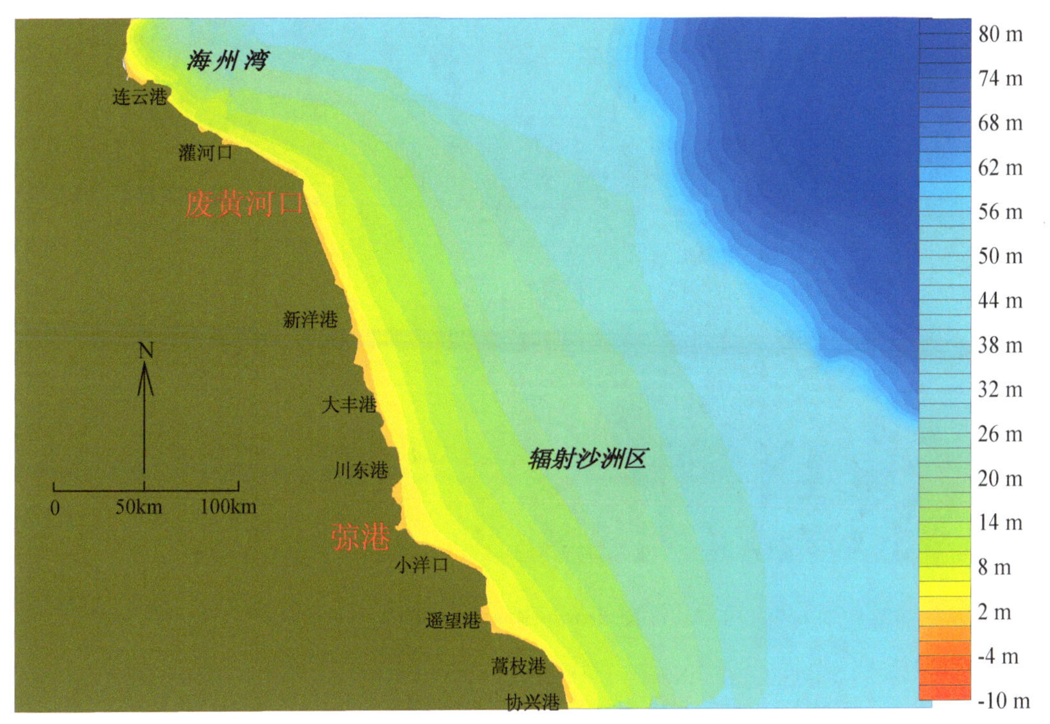

图 5-5　斜坡地形

(2) 古海图地形

黄河夺淮入黄海期间三角洲顶端岸线向海淤进约 90 km，同时也发育了向海延伸上百千米水深小于 15 m 的水下三角洲。黄河北归后岸线快速后退，水下三角洲至今已侵蚀殆尽，目前－15 m 等深线距岸最近处仅约 4 km。废黄河水下三角洲被侵蚀后的泥沙向南运移，参与辐射沙脊群的形成。因此，在复演辐射沙脊群形成过程中，初始地形考虑废黄河口外地形是十分必要的。据清雍正二年(公元 1724 年)陈伦炯的《沿海全图》及目前有关江苏岸外沙洲最早德文版海图(1872 年)记载，苏北黄河口外分布大片浅滩，在灌河口与双洋河口之间发育了与入海线路方向一致的河口指状沙嘴——五条沙，五条沙外面又接有大沙，大沙是黄河口外沙洲的水下延伸部分，大致呈东西延伸，沙体狭长，尾部向东北伸展极远，且局部已淤出水面。为此模型根据文献记载，大致恢复黄河北归前地形，辐射沙脊群区域考虑零星的沙洲分布，以此地形作为初始地形，再进行模拟(图 5-6)。

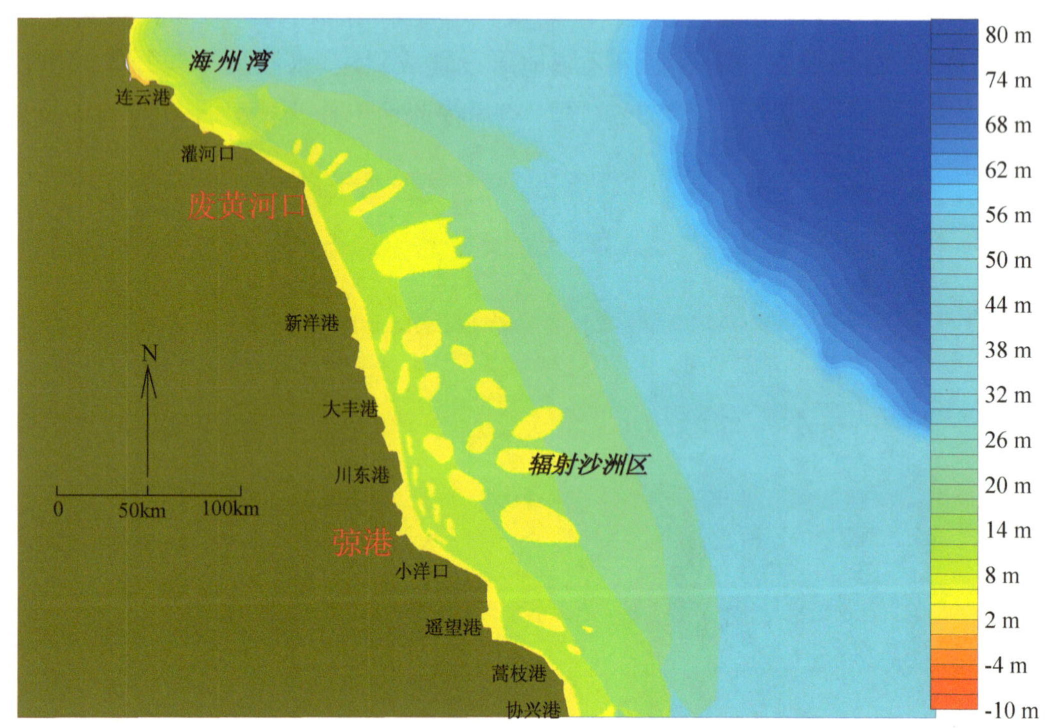

图 5-6　古海图地形

5.3.3　不同初始地形下流场特征

现状地形下，涨潮时辐射沙脊群区域水流呈辐聚状分布，水流主要顺几大潮汐水道(西洋、陈家坞槽、苦水洋、黄沙洋、烂沙洋、小庙洪等)进入辐射沙脊群中心区域。落潮时水流以弶港为核心向外辐散，且潮流受地形约束显著，潮流顺着几大潮汐水道呈辐射状向外。从流速强度分布来看，在外海 30 m 以深区域流速较小，辐射沙脊群潮汐水道内流速较大，最大流速可达 2.0 m/s 左右，水道两侧及近岸浅滩区水流强度相对较小，如图 5-7(a)、(b)所示。

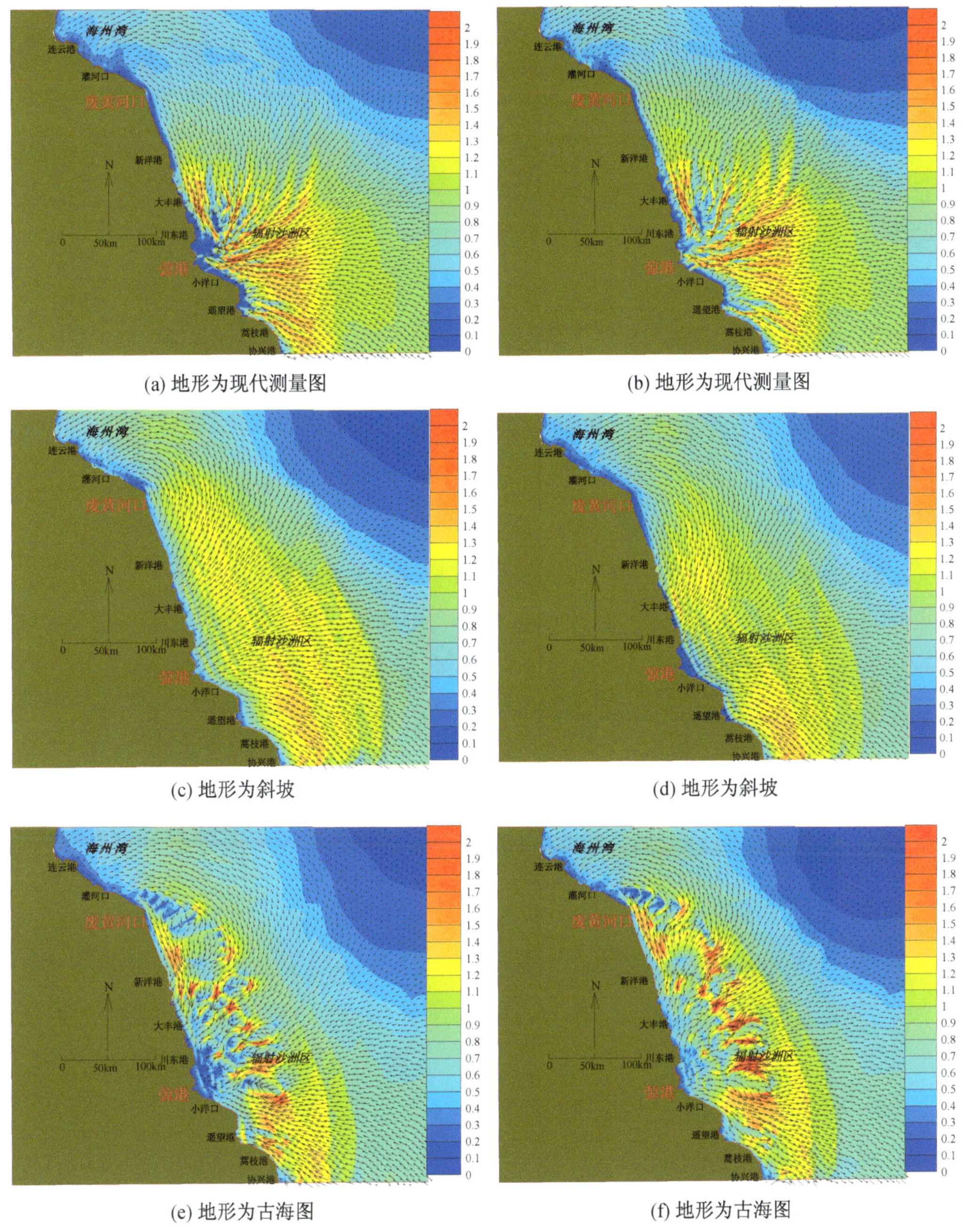

(a) 地形为现代测量图　　(b) 地形为现代测量图

(c) 地形为斜坡　　(d) 地形为斜坡

(e) 地形为古海图　　(f) 地形为古海图

图 5-7　不同地形下的涨急(左)、落急(右)时刻流矢图

将现状地形修改成斜坡后(坡度 0.22‰)，辐射沙脊群区域涨潮时仍然表现为成 150°扇形向弶港汇聚，落潮向外海辐散特点。但水流强度分布有所变化，斜坡地形下涨落潮最大流速仅为 1.2～1.4 m/s，相比现状地形有所减小，且其分布也相对较为均匀，如图 5-7(c)、(d)所示。

地形为古海图地形状态下，辐射沙脊群区域分布零星的沙洲，在沙洲之间通道区域流速较大，最大流速也可达 2.0 m/s。沙洲区域及近岸区域流速较小，但整体流态仍然为辐聚辐散特点，如图 5-7(e)、(f)所示。

不同初始地形时流场计算结果显示：辐射沙脊群区域不管初始地形为辐射状还是斜坡状，其整体流场特征均表现为以弶港为顶点，以 150°扇形向外辐散和向弶港汇聚，并不以地形改变而改变。但同时不同地形下水流强度分布有明显的差别，斜坡地形下水流强度在平面位置上分布较为均匀；浅滩深槽相间地形下，通道内流速较大，浅滩上流速较小。

5.3.4 初始地形为斜坡时地貌过程模拟结果

将辐射沙脊群区域地形修改成由岸向外海均匀变化地形(图 5-5)，进行长周期泥沙输运和地貌演变数值计算，结果显示(图 5-7)：

0～20 年间，主要地形变化表现为辐射沙脊群近岸区域，特别是弶港近岸区开始出现小的潮沟，方向与落潮流方向一致，垂直岸线；滨海废黄河口突出岸段近岸区域侵蚀较为严重。

20～50 年间从大丰到遥望港岸段近岸区域，垂直岸线发育的潮沟和水下沙脊不断延长；在废黄河口至大丰岸段外出现南北向大型潮汐水道(现西洋水道区域)，在水道外侧形成南北方向的沙脊(现在东沙区域)。南翼启东吕四岸段也开始出现西北—东南向大型潮沟(现小庙洪水道位置)。

50～80 年间，潮汐水道规模继续增大，沙脊继续延长。同时在水深较大区辐射沙脊群东北区域(现在毛竹沙、外毛竹沙)区域，也开始发育。北翼的西洋水道和东沙形态已基本形成；南翼小庙洪水道和腰沙、冷家沙水道也初步形成。

80～120 年间，辐射沙脊群南翼区域水道沙洲变幅较小，北部还在继续发展，特别是毛竹沙和外毛竹沙区域沙脊还在不断增高、增大，到 120 年后毛竹沙区域沙脊已经出水，且两侧发育出大型的潮汐水道。

120～150 年期间，废黄河三角洲区域已经被冲刷至水深－15 m；射阳至大丰港岸外发育大型潮汐水道，水道外侧形成南北向的沙脊。在辐射沙脊群中心区域，弶港外海形成滩面较高的浅滩，弶港东北侧发育两组大型的沙脊，沙脊之间为大型潮汐水道。辐射沙脊南翼，几组大型潮沟和沙脊组合与现代地貌特征基本吻合。可见经过 150 年左右，水沙环境相互适应和调整，原始地形为斜坡

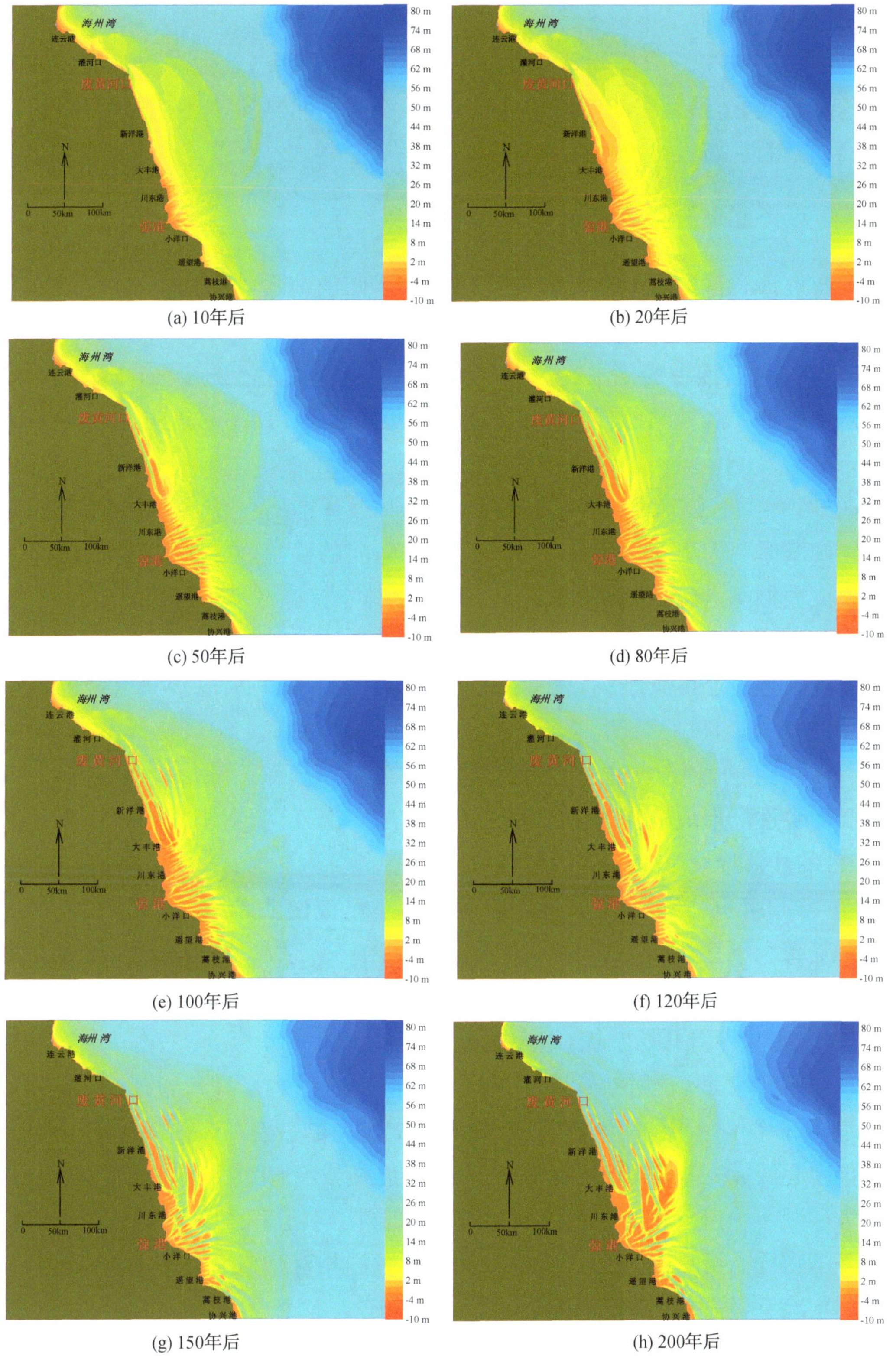

(a) 10年后　(b) 20年后

(c) 50年后　(d) 80年后

(e) 100年后　(f) 120年后

(g) 150年后　(h) 200年后

图 5-8　初始地形为斜坡时地形模拟结果

状态下，辐射沙脊群基本形态已经形成。

200 年后，辐射沙脊群的基本形态没有发生较大变化，几大潮汐水道和沙脊位置基本没变化，只是东沙、毛竹沙和外毛竹沙等东北侧沙体还在逐渐延长，沙脊滩面在不断加高。

5.3.5 初始地形为古海图时地貌过程模拟结果

将辐射沙脊群区域地形大致恢复至黄河北归前地形（图 5-6），进行长周期泥沙输运和地貌演变数值计算，结果显示（图 5-9）：

0～20 年间，地形变化主要为废黄河口外五条沙及大沙的侵蚀，零星浅滩区域也发生侵蚀，辐射沙脊群外海泥沙逐渐向近岸汇聚，弶港附近近岸浅滩不断淤高。

20～50 年间，废黄河口外大沙和五条沙形态基本不存在，被冲刷的泥沙向南搬运到滨海至大丰之间海域，形成西北、东南向的沙脊，同时在沙脊西侧靠岸区段形成大型潮沟（现在西洋水道）。此时辐射沙脊群区域零星沙洲也不断受到侵蚀，沙洲形状开始与潮流方向一致，有些零星沙洲被侵蚀，有些沙洲相互合并。弶港附近浅滩继续淤高，南翼腰沙、冷家沙和小庙洪水道沙洲组合已初步形成。

50～80 年间，辐射沙脊群内缘区不断增高，近岸高滩逐渐形成；弶港附近条子泥高滩也逐渐形成。废黄河口岸外沙洲逐渐向南迁移，射阳岸外水道继续冲深，东沙的沙体继续增大。

80～120 年间，废黄河口外水下三角洲基本已被侵蚀殆尽，五条沙和大沙等沙脊群随着水下三角洲的大面积冲蚀而夷平、消失，原水下三角洲区域成为水深约 12～14 m 的平坦的深水区。辐射沙脊群东北部的毛竹沙及外毛竹沙开始发育，岸外零星沙滩开始归拢，组合成大型沙洲。

120～150 年间，辐射沙脊群北翼从滨海到大丰发育水深超过 15 m 的大型潮汐水道（现西洋水道位置），水道外侧为东南方向的沙脊（现东沙位置）。辐射沙脊群中心区域，弶港外侧形成高滩；弶港东北侧发育两组大型的沙脊，沙脊之间为大型潮汐水道。辐射沙脊南翼，几组大型潮汐水道和沙脊组合与现代地貌特征基本吻合。可见经过 150 年左右水沙环境的相互适应和调整，原始地形为古海图状况下，辐射沙脊群的基本形态已经形成。

200 年后，辐射沙脊群基本形态没有发生多大变化，同样也只是东北侧毛竹沙和外毛竹沙还在逐渐增大，沙脊滩面在不断加高。

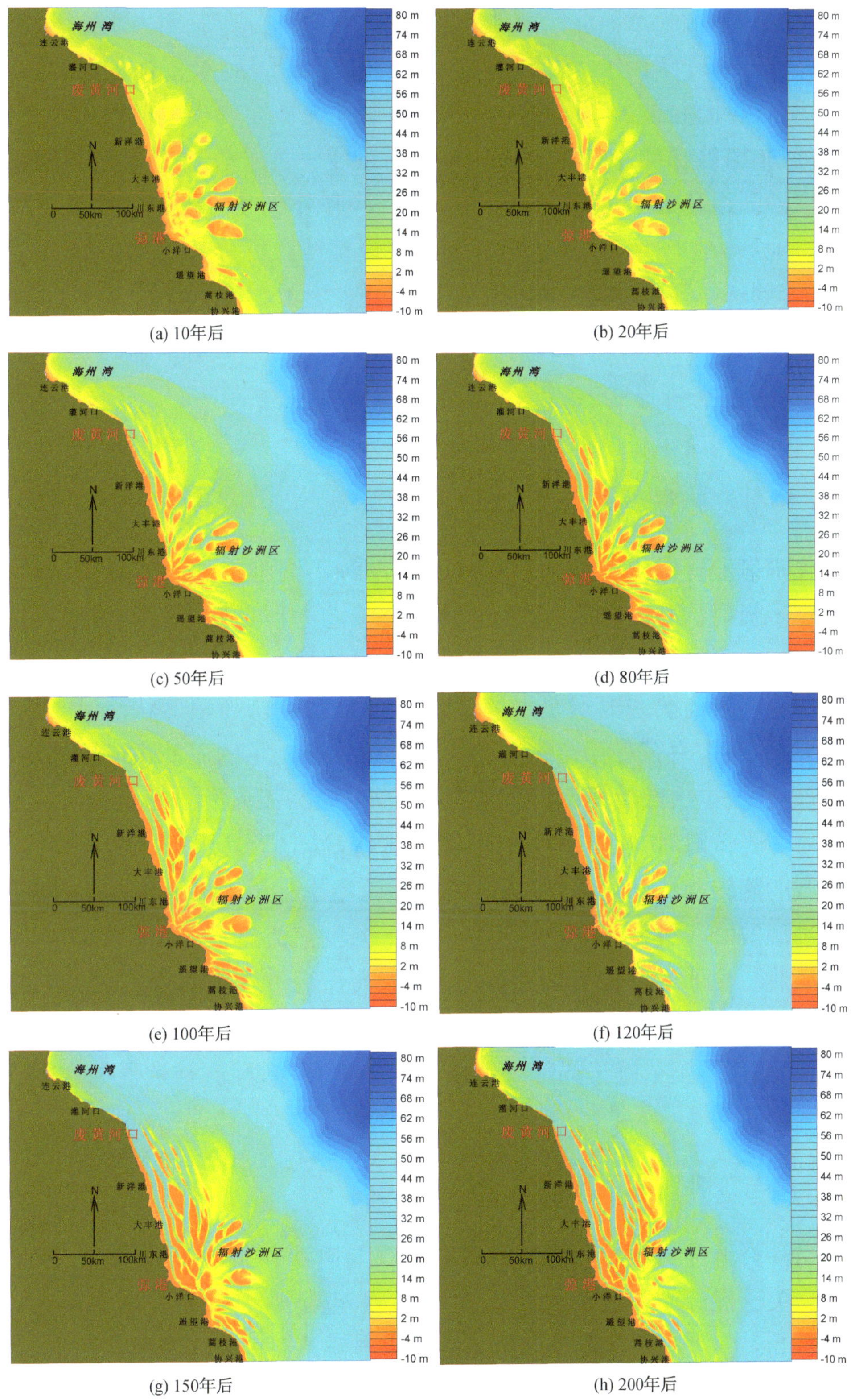

(a) 10年后　(b) 20年后

(c) 50年后　(d) 80年后

(e) 100年后　(f) 120年后

(g) 150年后　(h) 200年后

图 5-9　初始地形为古海图时地形模拟结果

可见初始地形为黄河北归前地形时，废黄河口外分布着宏大水下沙洲三角洲，经过120～150年侵蚀，水下三角洲基本被侵蚀殆尽，被侵蚀的泥沙大部分向南搬运，很少向北进入到海州湾。向南搬运的泥沙在辐聚辐散的流场不断塑造下，形成辐射沙脊群北翼的沙脊。北翼的东沙—西洋水道和南翼的腰沙—小庙洪水道沙洲组合最早形成，而东北部毛竹沙和外毛沙等形成时间相对较晚。相比初始地形为斜坡地形，其最终形态上与现状沙脊群分布更为相似。两种初始地形下，到达与现代沙脊群相似的时间也基本为150年左右。

5.4 有关辐射沙脊形成的几个问题讨论

5.4.1 辐射沙脊群形成水动力机制

有关辐射沙脊群的形成动力机制存在两种不同观点。一种观点认为局部地形决定了辐射状潮流，苏北地区沙脊群以弶港为顶点呈辐射状分布，特殊的岸线与海底地形控制了潮流场，使潮流场产生辐聚和辐散，这一特殊地貌形态是导致潮流辐聚辐散的根本原因[27]。另外一种观点认为辐射状潮流产生与局部地形无关，而是由客观存在的辐射状潮流场结合充足的泥沙供应塑造成辐射沙脊群，以往及本次数学模型计算结果均显示[20,43]：江苏沿海为正规半日潮，潮波从东海传入黄海时，在南黄海南部为前进波，当北上遇山东半岛海岸反射后形成左旋的旋转潮波，此潮波波峰线大致在弶港岸外蒋家沙一线与继续进入的东海前进波波峰线辐合，形成潮差大(5～7 m)、潮流流速大(1.5～2.0 m/s)的辐聚辐散水流。江苏岸外辐合的潮波系统，是大洋潮波在朝鲜半岛、山东半岛和江苏岸线构成的独特边界下传播的必然结果；辐聚辐散流场在任何地形下均存在，辐射状潮流场不依赖于局部海底地形而独立存在，潮流与地形关系中，潮流是主控因素。

5.4.2 辐射沙脊群形成物质来源

辐射沙脊群独特的水动力环境具备形成辐射沙脊条件，但还需要充足的泥沙来源。关于江苏岸外潮流沙脊群物质来源，也是一个长期争论的焦点，归纳起来主要为：(1)“长江物源论”，认为潮流沙脊群是在古长江水下三角洲基础上发育起来的，物质来源主要是长江泥沙[26]；(2)“长江、黄河物源论”，认为潮流沙脊群是在古长江、古黄河水下三角洲基础上发育起来的，物质来源于长江与黄河[23,25]；(3)"长江、黄河、淮河物源论"，认为潮流沙脊群是在古长江、古黄河、古淮河三角洲基础上发育而成的，物质来源于长江、黄河与淮河[27-28]。不同的观点说明潮流沙脊群物质来源的复杂性和多样性。

公元 1128 年黄河夺淮入黄海以来河口岸线向海推进约 90 km，并在斗龙港至灌河口之间 100 多 km 的岸线上堆积形成向海最大延伸约 100 km、水深小于 15 m 的水下三角洲，且岸外发育五条沙[19]。1930 年英版海图及 1937 年日版海图显示，水下三角洲形态发生了明显的变化，－10 m 水深线向岸方向移动了 40～50 km 左右，距岸距离仅仅 20 km 左右，水深线走向逐渐和潮流主轴方向一致。五条沙和大沙等沙脊群随着水下三角洲的大面积冲蚀而夷平、消失，原范围成为水深约 12～14 m 的平坦的深水区。－10 m 等深线距岸仅 20 km 左右，河口区的水下三角洲被大面积冲刷。本次长时间尺度地貌模拟结果也显示：黄河北徙注入渤海后，由于大量物质供应源的断绝，废黄河口岸外五条沙不断被侵蚀，侵蚀泥沙主要随南下沿岸流向南搬运，成为辐射沙脊群北翼沙洲和中部潮滩淤长的主要物质来源。

另外近几十年来水下地形及遥感影像资料对比显示[71-72]，辐射沙脊群及水道还在不断变化，北侧西洋深槽在不断扩展、加深；南翼烂沙洋，小庙洪主要潮汐水道主轴南移[49]；毛竹沙和外毛竹沙还在不断向西北方向增长。这说明辐射沙脊一直处于一个动态的调整当中，动力一直在改造地形，同样地形又反过来影响动力环境。形成辐射沙脊的物质不是一次性搬运而来的，组成潮流沙脊群的物质实际上是潮流沙脊群分布区及其周围地区各种类型的沉积物以及在沙脊群发育过程中各种动力(包括河流、潮流、海流、风暴流及风等)输入的物质的混合物，它不仅包括长江、黄河、淮河三角洲沉积，而且还包括潮流沙脊发育之前分布于沙脊群所在区域及其周围区域的潮坪沉积、河床沉积、浅海沉积、滨岸沉积等各种类型的沉积物[21]，现状沙脊群是各种来源混合物泥沙受动力环境改造的结果。

5.4.3 辐射沙脊群形成时间

关于江苏岸外潮流沙脊群开始发育的时间，同样有很大分歧，从 10 000 a B.P.[11]、8 000 a B. P.[22]、7 000～5 000 a B. P. 之后[13]、到近 2000 年[27]不等。也有人认为在黄河于 1128 年夺淮入海之前江苏海岸为沙质堡岛海岸，江苏中部岸外沙脊群的出现仅仅是 1128 年以后的事情[24]。以往辐射沙脊群形成时间多基于形成物质的测年数据得出的，而辐射沙脊群形成物质来源是多源的，而且所形成的泥沙受多次海洋动力环境的改造，基于沉积物测年得出的辐射沙脊群形成时间差别和跨度较大。数值模拟表明 10 000～8 500a B. P. 之间，江苏岸外潮流沙脊群发育的动力条件已经具备形成辐射沙脊的条件[20,43]，但 1855 年黄河北归前海图显示，辐射沙脊群区域海域只是零星的沙洲分布，并未形成像目前这样规模宏大的辐射沙脊—水道相间的地貌格局[33]。长时间尺度地貌模型计算结果显示：随着黄河北归，外来泥沙的断绝，废黄河水下三角洲不断被侵蚀，向南搬运，成为辐射沙脊群北翼沙脊的重要泥沙来源。同时辐射沙脊群原有沙洲在辐射状潮流场的不断塑造下，沙洲被不断搬运、组合，150 年后才形成现在辐射状的地形格局。

第6章 结论与展望

6.1 主要结论

本项研究通过对比分析近几十年来的海图和实测地形资料，研究了辐射沙脊主要水道和沙洲演变特征。在恢复黄河北归后苏北黄河三角洲海岸不同发育阶段的岸线位置和水下地形的基础之上，通过所建立大范围潮波数学模型和局部潮流数学模型，研究苏北黄河三角洲不同演变阶段南黄海潮波系统的特征及其变化，分析了三角洲海岸演变与潮波系统变化的对应关系和相互作用，探讨了控制辐射沙脊趋势型演变的主要驱动力。在水动力数值模型的基础上建立了沉积物输运和长周期地貌演化数学模型，复演辐射沙脊的演变过程，探讨了辐射沙脊群形成动力机制、物质来源和形成时间。得出以下主要结论：

（1）由于近百年来废黄河三角洲岸段不断侵蚀后退，使得 M_2、K_1 等分潮无潮点位置也不断向西南方向移动。无潮点的移动说明由于三角洲侵蚀和岸线的后退，由山东半岛传播而来的旋转潮波得到加强，使得辐射沙脊条子泥附近分水沙脊线向南偏移。

（2）1855 年黄河北归前，由于废黄河口岸线向外突出 20 余 km，且有宏大的水下三角洲。随着岸线的后退和水下三角洲的侵蚀，由北向南传播的潮波变得更加顺畅，辐射沙脊区特别是西洋水道随着废黄河三角洲的不断侵蚀，该区域的水动力不断加强，使得西洋水道不断加宽，冲深。

（3）随着江苏海岸线后退，废黄河口水下三角洲夷平，南黄海旋转潮波得到进一步加强，水动力加强区域逐渐向辐射沙脊偏移也即水动力的主轴方向明显向南偏移。辐射沙脊南翼的烂沙洋水道、小庙洪水道深槽区的水动力随着废黄河三角洲的侵蚀后退，平均流速和最大流速均表现为加大趋势，且水动力主轴方向也有向南的趋势。而这种水动力主轴偏移，就有可能是导致辐射沙脊南部诸水道向南发展的主导因素。

（4）中长尺度地貌过程数学模型计算结果显示：不同初始地形下，经过150年多年潮流动力对地形不断塑造，虽然沙体规模有所不同，总体形态均与现代辐射沙脊群形状基本一致，同时废黄河三角洲侵蚀殆尽。150年后，虽然局部深槽还在不断加深，沙脊形态还存在局部调整，但总体水道—沙脊的基本格局没有发生大变化。总之，只要有充足的泥沙来源，在辐聚辐散的流场作用下就能形成目前辐射状沙脊的地貌格局。

（5）黄河北归后，废黄河口外的五条沙和大沙等水下三角洲的大面积冲蚀、夷平、消失，原范围成为水深约12～14 m的平坦的深水区。废黄河口被冲刷的泥沙向北进入海州湾较少，绝大部分都进入到辐射沙脊群区域，废黄河口附近海域的泥沙对辐射沙脊的发育和维持起着重要的作用（除三角洲侵蚀泥沙外，还有1128—1855年700年间黄河从江苏入海期间向北扩散的泥沙，黄河平均年输沙量为13.6亿t）。虽然斜坡地形最终也能计算出辐射状沙脊大致形态，但北侧东沙、毛竹沙的规模要小很多，以上充分说明黄河北归后，遗留的规模宏大的水下三角洲泥沙是辐射沙脊群北翼沙洲形成的重要物质来源之一。

（6）辐射沙脊群物质来源是复杂和多样的，组成潮流沙脊群的物质实际上是潮流沙脊群分布区及其周围地区各种类型的沉积物以及在沙脊群发育过程中各种动力搬运物质的混合物。辐射沙脊群现有地貌格局是废黄河北归150年后，辐射沙脊群区特殊的水流动力对不同来源物质的重新塑造，是动力—泥沙—地形相互作用产物。

6.2 展望

本项目在研究过程中参阅了大量的国内外文献，吸取了前人的许多研究成果、经验和方法。运用数值模拟的方法，对涉及本项研究的内容进行了深入探讨，取得了一定的研究成果。尽管如此，针对辐射沙脊趋势性演变的宏观动力机制及形成机理，还有不少工作需要加强和进一步研究：

（1）辐射沙脊区域每一个“水道一沙洲”组合并不是一个封闭的系统，特别在辐射沙脊群中部，大的潮汐通道之间相互串联，相邻系统之间存在着频繁的水沙交换，堆积和侵蚀的过程仍不断发生。其演变既受到两大潮波辐合宏观潮波动力影响，也受到短期波浪的动力作用，要全面认识水道沙洲的演变规律和机理目前还很困难。

（2）本研究主要采用的中长尺度海岸动力地貌模型仅考虑潮流动力，但波浪作用对海岸地貌影响也不容忽视。鉴于海岸泥沙运动的复杂性，如波流相互作用、波流边界层泥沙起动机制等泥沙运动的基本理论研究有待加强，这些理论是能否准确是模拟和预测海岸动力地貌过程的关键。

（3）不同时间尺度、不同动力条件下的耦合作用，如波浪场与潮流场的耦合、短时间的水沙过程和长周期的地形演变过程的耦合等。另外，对不同沉积物（黏性，非黏性泥沙）下、频繁的人类活动和海平面上升背景下等多因子影响下的海岸动力地貌模型研究还有待进一步发展。

参考文献

[1] 任美锷. 江苏省海岸带和海涂资源综合调查报告[M]. 北京:科学技术文献出版社,1985.

[2] 王颖. 黄海陆架辐射沙脊群[M]. 北京:中国环境科学出版社,2002.

[3] 王颖,朱大奎,周旅复. 南黄海辐射沙脊群沉积特点及其演变[J]. 中国科学,1998,28(5):385-393.

[4] 诸裕良,严以新,薛鸿超. 南黄海辐射沙脊群形成发育水动力机制研究—Ⅰ. 潮流运动平面特征[J]. 中国科学D辑,1998,28 (5):403-410.

[5] 宋志尧,严以新,薛鸿超. 南黄海辐射沙脊群形成发育水动力机制研究—Ⅱ. 潮流运动立面特征[J]. 中国科学D辑,1998,28 (5):411-417.

[6] 张东生,张君伦. 潮流塑造—风暴破坏—潮流恢复[J]. 中国科学. 1998,28(5):394-402.

[7] 张忍顺,陆丽云. 江苏海岸侵蚀过程及其趋势[J]. 地理研究,2002,21(4):469-478.

[8] 万延森. 江苏辐射状沙脊群形成的初步探讨[J]. 海洋研究,1982,21(2):83-89.

[9] 夏东兴,刘振夏. 潮流脊的形成机制和发育条件[J]. 海洋学报,1984,6 (3):361-367.

[10] 杨长恕. 弶港辐射沙脊成因探讨[J]. 海洋地质与第四纪地质,1985,5(3):35-43.

[11] 朱大奎,傅命佐. 江苏岸外辐射沙脊群的初步研究[M]. 江苏省海岸带东沙滩综合调查文集,
北京:海洋出版社,1986,28-32.

[12] 黄易畅,王文清. 江苏沿岸辐射状沙脊群的动力机制探讨[J]. 海洋学报,1987,9(2):209-215.

[13] 李从先,赵娟. 苏北弶港辐射沙脊群研究的进展和争论[J]. 海洋科学,1995,4:67-60.

[14] 刘振夏,夏东兴. 潮流沙脊的水力学问题探讨[J]. 黄渤海海洋,1995,13 (4):23-29.

[15] 喻国华,陆培东. 江苏吕四小庙洪淹没性潮汐汊道的稳定性[J]. 地理学报,1996,15 (2):127-134.

[16] 黄海军,李成治. 南黄海海底辐射沙脊群的现代变迁研究[J]. 海洋与湖沼. 1998,29 (6):640-645.

[17] 黄海军. 南黄海辐射沙脊群主要潮沟的变迁[J]. 海洋地质与第四纪地质. 2004,24 (2):1-8.

[18] 陈君,王义刚,张忍顺,等. 江苏岸外辐射沙脊群东沙稳定性研究[J]. 海洋工程,2007,25 (1):106-113.

[19] 陈可锋,陆培东,王艳红,等. 南黄海辐射沙脊群趋势性演变的动力机制分析 [J]. 水科学进展,2010,21 (2):123-129.

[20] 林珲,闾国年,宋志尧,等. 东中国海潮波系统与海岸演变模拟研究[M]. 北京:科学出版社,2000.

[21] 王建,闾国年,林珲,等. 江苏岸外潮流沙脊群形成的过程与机制[J]. 南京师大学报:自然科学版,1998,21(3):99-112.

[22] 陈报章,李从先,业治铮. 冰后期长江三角洲北翼沉积及其环境演变[J]. 海洋学报:中文版,1995,17 (1):64-75.

[23] LI C X,ZHANG Z Q,FAN D D,et al. Holocene regressionand the tidal radial sand ridge system formation in the Jiangsu coastal zone,east China [J]. Marine Geology,2001,173(1-4): 97-120.

[24] 万延森. 江苏辐射沙脊群形成的初步探讨[J]. 海洋研究,1982,21(2): 83-89.

[25] 周长振,孙家淞. 试论苏北岸外浅滩的成因[J]. 海洋地质研究,1981,1(1): 83-91.

[26] 傅命佐,朱大奎. 江苏岸外海底沙脊群的物质来源[J]. 南京大学学报: 自然科学版,1986,22(3): 536-544.

[27] 杨子赓. 南黄海陆架晚更新世以来的沉积及环境[J]. 海洋地质与第四纪地质,1985,5(4): 1-19.

[28] 陈报章. 苏北弶港地区埋藏潮沙体的发现与现代辐射状潮流沙脊群的成因[J]. 海洋通报,1996,15(5): 46-52.

[29] 张忍顺,陈才俊. 江苏岸外沙洲演变与条子泥并陆前景研究[M]. 北京:海洋出版社,1992.

[30] ZHANG,R. S. , SHEN,Y. M. , LU,L. Y. Formation of spartina alterniflora salt marshes on the coast of Jiangsu Province,China [J]. Ecological Engineering,2004,23(2): 95-105.

[31] 张忍顺,陆丽云. 江苏海岸侵蚀过程及其趋势[J]. 地理研究,2002,21(4):469-478.

[32] 张忍顺. 历史时期江苏海岸线的变迁[C]//中国第四纪海岸线学术委员会. 中国第四纪海岸线学术讨论会论文集. 北京:海洋出版社,1985,45-58.

[33] 张忍顺. 历史时期的江苏岸外沙洲及其演变[J]. 历史地理,1990,(8):45-58.

[34] LI C X,ZH J Q,F D D,et al. Holocene Regression and the Tidal Radial Sand Ridge System Formation in the Jiangsu Coastal Zone,East China[J],Marine Geology,2001,73:97-120.

[35] 朱晓东,任美锷,朱大奎. 南黄海辐射沙脊群中心沿岸晚更新世以来的沉积环境演变[J]. 海洋与湖沼,1999,30 (2): 424-434.

[36] 王艳红,张忍顺,吴德安. 淤泥质海岸形态的演变及形成机制[J]. 海洋工程. 2003,21 (2):65-70.

[37] 陈君,王义刚,张忍顺,等. 江苏岸外辐射沙脊群东沙稳定性研究[J]. 海洋工程,2007,25 (1):106-113.

[38] 黄海军,李成治. 南黄海海底辐射沙脊群的现代变迁研究[J]. 海洋与湖沼. 1998,29 (6):640-645.

[39] 黄海军. 南黄海辐射沙脊群主要潮沟的变迁[J]. 海洋地质与第四纪地质. 2004,24 (2):1-8.

[40] 吴永森,李日辉,吴隆业. 苏北近岸水域"五条沙"侵蚀发育的卫星监测[J]. 海洋科学进展. 2006,24 (2): 188-194.

[41] 李海宇,王颖. GIS 与遥感支持下的南黄海辐射沙脊群现代演变趋势分析[J]. 海洋科学. 2002,26 (9): 61-65.

[42] 刘永学,张忍顺,李满春. 应用卫星影像系列海图叠合法分析沙洲动态变化——以江苏东沙为例[J]. 地理科学,2004,24 (2):199-204.

[43] 朱玉荣,常瑞芳. 南黄海辐射沙脊成因的潮流数值模拟解释[J]. 青岛海洋大学学报,1997,27(2):218-224.

[44] ZHU Y R,CHEN Q Q. On the origin of the radial sand ridges in the Southern Yellow Sea results from the modeling of the paleo-radial tidal current fields off the paleo-Yangtze River estuary and northern Jiangsu coast [J]. Journal of Coastal Research. 2005,21(6):1245-1256.

[45] 张长宽,张东生. 黄海辐射沙脊群波浪折射数学模型[J]. 河海大学学报(自然科学版),1997,25(4): 1-7.

[46] LIN H,LU G N,SONG ZY,et al. Modeling the Tide System of the East China Sea with GIS [J]. Ma-

rine Geology. 1999,22: 115-128.

[47] UEHARA K,SAITO Y,HORI K. Paleo tidal regime in the Changjiang (Yangtze) Estuary,the East China Sea,and the Yellow Sea at 6 ka and 10 ka estimated from a numerical model [J]. Marine Geology,2002,183: 179-192.

[48] UEHARA K,SAITO Y. Late Quaternary evolution of the Yellow East China Sea tidal regime and its impacts on sediments dispersal and seafloor morphology [J]. Sedimentary Geology,2003,162: 25-38.

[49] CHEN K F,LU P D,WANG Y H. Effects of change on Tide System of Yellow Sea off Jiangsu Coast, China[J],China Ocean Engineering,2009,23(4):741-750.

[50] De Vriend H J,Capobianco M,Chesher T,et al. Approaches to long-term modeling of coastal morphology:a review [J]. Coastal Engineering,1993,21(1-3):225-269.

[51] 郭磊城,何青,Dano ROELVINKD,等. 河口海岸中长时间尺度动力地貌系统模拟研究与进展[J]. 地理学报,2013,68(09):1182-1196.

[52] Latteux B. Techniques for long-term morphological simulation under tidal action[J]. Marine Geology,995,126:129-141.

[53] 任杰,吴超羽,包芸. 长周期动力形态模型中地形演变方法探讨[J]. 海洋学报(中文版),2007(01):76-80.

[54] CAYOCA F. Long term morphological modeling of a tidal inlet:the Arcachon Basin,France [J]. Coastal Eng,2001,42 :115-141.

[55] Roelvink J A. Coastal morphodynamic evolution techniques[J]. Coastal Engineering,2006,53: 277-287.

[56] 王艳红. 废黄河三角洲海岸侵蚀过程中的岸滩变异与整体防护研究[D]. 南京:南京师范大学,2006.

[57] 陈君,王义刚,卫晓庆,等. 条子泥二分水滩脊地貌动力与演变特征研[J]. 水利水运工程学报,2011,4:108-104.

[58] 应铭,刘红,丁健,黄志扬,等. 苏北辐射沙脊群北翼西洋水道近期演变特征分析及航道建设影响[C]. 第十五届中国海洋(岸)工程学术讨论会论文集,2011,1073-1076

[59] 叶青超. 试论苏北废黄河三角洲的发育[J]. 地理学报,1986,41(2):112-122.

[60] 徐敏,陆培东. 波流共同作用下的泥沙运动和海岸演变[M]. 南京:南京师范大学出版社,2005.

[61] 蔡则健,江苏海岸线演变趋势遥感分析[J]. 国土资源遥感,2002,53(3):19-24.

[62] 虞志英,张勇,金镠. 江苏北部淤泥质海岸的侵蚀过程及防护[J]. 地理学报,1994,49(2):149-157.

[63] 虞志英. 江苏北部旧黄河水下三角洲的形成及侵蚀改造[J],海洋学报,1986,8(2):97-106

[64] 凌申. 全新世以来江苏中部地区海岸的淤进[J]. 台湾海峡,2006,25(3):445-451

[65] 国家海洋信息中心.《潮汐表(第一册)》[M]. 北京 :海洋出版社,2006.

[66] 国家海洋信息中心.《潮汐表(第二册)》[M]. 北京:海洋出版社,2006.

[67] Lesser G R,Roelvink J A,van Kester J A T M,et al. Development and validation of a three-dimensionalmorphological model[J]. Coastal Engineering,2004,51: 883-915.

[68] Van der Wegen M,Wang Z B,Savenije H H G, et al. Long-term morphodynamic evolution and energy dissipation in a coastal plain, tidal embayment [J]. Journal of Geophysical Research, 2008, 113,F03001.

[69] Roelvink J A,Reniers A J H M. A guide to coastal morphology modeling. Advances in Coastal and Ocean Engineering (Volume 12)[M]. Singapore: World Scientific Publishing Company,2011.

[70] ZHENG J H,HOANG Q,XU Y,et al. Behavior-oriented calculation of the annual coastal bathymetry evolution caused by a reclamation work[J]. Acta Oceanologica Sinica,2017,36(11): 86-93.

[71] 刘柄麟,张振克,何华春,等. 1973—2016 年南黄海辐射沙脊群东沙动态演化分析[J]. 海洋地质与第四纪地质,2018,38(02): 63-71.

[72] 曹可,李飞,高宁,等. 1979 年以来南黄海辐射沙脊群潮滩脊线时空变化研究[J]. 地理科学,2017,37(10): 1593-1599.